Knappen, Heilige und eine lange Schicht –
Ein Lesebuch über den Bergbau im Erzgebirge

Dietmar Werner

Knappen, Heilige und eine lange Schicht –

Ein Lesebuch über den Bergbau im Erzgebirge

Druck- und Verlagsgesellschaft Marienberg mbH

Inhaltsverzeichnis

Vorbemerkung

Über den Bergbau und ganz speziell über den Bergbau im sächsischen Erzgebirge ist bekanntlich schon viel geschrieben worden. Ist denn unter solchen Gegebenheiten überhaupt noch Platz für eine weitere Publikation vorhanden? Aber schon wenn man nach mehr oder weniger allgemeinen, nicht speziell ausgerichteten Verbindungslinien des Altbergbaus mit der „Neuzeit" sucht, bietet sich ein anderes Bild. Hat doch vor allem der Silberbergbau im Erzgebirge wie kein anderer Bereich einen bedeutenden, heute noch spürbaren Einfluss auf das Leben in Sachsen gehabt. Dabei braucht man nur einmal an die im Gefolge des Bergbaus erfolgten zahlreichen Stadtgründungen – wie z.B. Freiberg, Annaberg, Marienberg, Schneeberg etc. – und die mit dem Bergbau verbundenen Kunst- und Bauwerke – u.a. Freiberger Dom mit der einmaligen Goldenen Pforte, St. Annenkirche in Annaberg mit dem berühmten Bergaltar und die als Bergmannsdom bekannte Schneeberger St. Wolfgangskirche – zu denken. Und verdanken nicht gerade auch viele der berühmten sächsischen Kunstsammlungen ihren Ursprung dem mit dem Bergbau erzielten Reichtum? Zudem darf der prägende Einfluss des Bergbaus auf die Entwicklung zahlreicher technischer Lösungen nicht unterschätzt werden, ohne die manch heute noch gebräuchliches Verfahren undenkbar wäre. Vergessen werden dürfen in diesem Zusammenhang auch nicht die rund 40 Besucherbergwerke, die den heute lebenden Menschen einen eindrucksvollen Einblick in die zur damaligen Zeit herrschenden Arbeitsbedingungen ermöglichen und oftmals die Heimstatt für eine ausgeprägte und vielfach mit Bergparaden verbundene ausgesprochen öffentlichkeitswirksame Traditionspflege bilden. Und was wäre schließlich das Weihnachtsland Erzgebirge mit seinen Schwibbögen, Pyramiden, Lichterengeln und -bergmännern, Mettenschichten etc. ohne seine bergmännischen Wurzeln? Schließlich sollen die bekannten und in dem Altbergbau wurzelnden erzgebirgischen Thermalbäder Warmbad Wolkenstein, Wiesenbad und Bad Schlema nicht unerwähnt bleiben. Sind sie doch in der heutigen Zeit nicht nur Garant für ein erlebnisreiches Freizeitvergnügen, sondern bieten vor allem vielen Menschen Heilung oder zumindest Linderung bei zahlreichen Leiden. In neuerer Zeit wird zudem noch auf einem ganz anderen Gebiet Nutzen aus dem Altbergbau für die Menschen gezogen: So werden in der ehemaligen Zinngrube Ehrenfriedersdorf seit 1997 in einem 100 m tiefen Stollen Patienten mit Erkrankungen der oberen Luftwege behandelt. Bei einer Lufttemperatur von 7 °C und einer relativen Luftfeuchtigkeit von 100 % ist hier die Atemluft fast staub- und allergenfrei. Aber auch die Geothermie sei nicht vergessen, die in zunehmendem Maße den Altbergbau für die Wärmegewinnung erschließt. Und ist es nicht interessant zu wissen, dass es ohne den Bergbau im Erzgebirge vielleicht gar nicht das berühmte Meißner Porzellan gegeben hätte? Um schließlich aus der Vielfalt der „Beziehungen" nur noch einen weiteren Komplex hervorzuheben: Auch der heute noch gebräuchliche Bergmannsgruß „Glück auf!" sowie das mit einer DIN-Vorschrift genormte Symbol für den Bergbau schlechthin – Schlägel und Eisen – haben bekanntlich ihren Ursprung im mittelalterlichen Bergbau.

So entstand schließlich die Idee, einmal in zwangloser Form „Geschichten" rund um den Bergbau zusammenzustellen, die mehr oder weniger vordergründig nicht nur über derartige Verbindungen informieren, sondern zugleich dazu geeignet sind, die eigene Entdeckerfreude anzuregen. Ob man sich dabei auf eine weitere Spurensuche im Rahmen der „angesprochenen" Themen begibt oder nach weiteren Verbindungslinien sucht, ist in diesem Zusammenhang völlig gleichgültig. Wurde doch zudem bei der Auswahl der Themen von vornherein bewusst darauf verzichtet, ein Vollständigkeitsprinzip anzustreben. Vielmehr erfolgte – wie es in alten Bergkalendern oft heißt – eine geziemende Auswahl, die auch „bergunkundigen" und nicht „bergläufig" sprechenden Lesern Freude bereiten und in obiger Hinsicht entsprechende Anregungen vermitteln soll. Dabei sind die Anregungen auch im Sinn von touristischen Empfehlungen zu verstehen. Kann man doch beispielsweise die mit dem Bau des ersten Schiffshebewerkes verbundenen Leistungen erst so richtig würdigen, wenn man einmal vor den in unsere Zeit überkommenen Resten desselben gestanden hat. Und wie wäre es einmal mit dem berühmten „Blick über den Gartenzaun" in das böhmische Erzgebirge? Hat doch gerade der Bergbau diesseits und jenseits der „Grenze" viele Berührungspunkte, die noch ihrer Erschließung harren.

Ergänzt wird die Themenauswahl durch einige Beiträge aus vergangenen Zeiten, die einen illustrativen Einblick in die Arbeits- und Lebensbedingungen der damals lebenden Menschen vermitteln und die ohne jegliche Veränderung der inhaltlichen Aussagen sowie – von wenigen Ausnahmen abgesehen – in der zur Zeit des Erscheinens üblichen Schreibweise wiedergegeben werden. Weiterhin erfolgt ein kleiner Exkurs in die bergmännische Sagenwelt. Wirkt doch – wie der damalige Bergwerksdirektor Otto Pütz 1929 in dem Buch „Sachsen – 1000 Jahre Kultur" ausführte „die Tätigkeit im Schoß der Erde, abgeschlossen vom Tageslicht und nahe den geheimnisvollen gewaltigen Kräften einer noch wenig erforschten Welt auf den Menschen, seine Gefühle, seine Stimmungen, kurz sein ganzes Wesen tief und gestaltend ein. Sie macht ihn geneigt, Sagen, Geistern, Gespenstern und ähnlichen Gebilden der Phantasie Glauben zu schenken ..."

Schließlich sei auch noch auf die im Anhang beigefügte Übersicht über weitere, in der Marienberger Druck- und Verlagsgesellschaft erschienenen Publikationen verwiesen, die für speziell den an der jeweiligen Thematik interessierten Lesern eine wertvolle Bereicherung und Ergänzung bieten.

An dieser Stelle ist es mir ein Bedürfnis, allen zu danken, die mich bei der Herausgabe der Publikation unterstützt haben. Mein besonderer Dank gilt dabei Frau Haueis und Herrn Dittrich von der Druck- und Verlagsgesellschaft Marienberg mbH. Bedanken darf ich mich weiterhin bei Herrn Lothar Riedel (Druck- und Verlagsgesellschaft Marienberg mbH) für seine wertvollen fachlichen Hinweise sowie für seine Unterstützung bei der Gestaltung der Publikation. Dank gebührt weiterhin meiner Frau für ihre Hilfe und ihr Verständnis.

Ich darf versichern, dass alle dem Buch zugrunde liegenden Inhalte gewissenhaft recherchiert wurden. Evtl. Rechts- und andere Ansprüche können daraus jedoch nicht abgeleitet werden. Sollte wider Erwarten ein Urheberrechtsanspruch übersehen worden sein, wird um ein klärendes Gespräch gebeten.

Verlag und Herausgeber hoffen auf eine positive Aufnahme des Buches. Hinweise zur Verbesserung sowie zur Abrundung der Thematik werden dankend entgegengenommen.

Taura, im Mai 2009 Dietmar Werner

„Glück auf!" – mehr als ein Gruß

„Glück auf!" – Was kann wohl besser an dem Anfang eines Buches rund um den Bergbau im Erzgebirge stehen als dieser Gruß an die Leser? Ursprünglich nur unter Bergleuten üblich, hat er im Laufe der Entwicklung sowohl im Erzgebirge als auch in anderen Bergbauregionen eine vielfach allgemein übliche Verbreitung gefunden. Aber wenn man genau hinhört fällt auch heute noch auf, dass es im Erzgebirge in der Regel eigentlich nur Männer sind, die mit „Glück auf!" grüßen. Nun mag dies bei oberflächlicher Betrachtung vielleicht als eine gewisse Frauenfeindlichkeit erscheinen. Aber die Frauen hatten in früheren Zeiten kaum etwas mit dem Bergbau im eigentlichen Sinne zu tun und gehörten somit auch nicht zu dem Kreis der „Vertrauten". Im Gegenteil! Den Frauen war der Zutritt zu den Gruben regelrecht verboten. War doch allgemein der Glaube verbreitet, dass Frauen, die sich untertage aufhielten, Unglück heraufbeschwören würden. Und selbst heute ist noch etwas auffallend: Betritt beispielsweise ein Tourist eine der typischen erzgebirgischen Gaststätten, wird er von den Einheimischen freundlich, aber mit einem „Guten Tag!" oder mit einem anderen, der Tageszeit entsprechenden Gruß willkommen geheißen. Kommt jedoch ein Einheimischer herein, wird mit „Glück auf!" gegrüßt. Zwar haben sich auch diese Grenzen im Laufe der Entwicklung immer mehr verwischt – der Gruß „Glück auf!" war – und bleibt es sicher auch – der Ausdruck einer gewissen Zusammengehörigkeit.

Doch was verbirgt sich nun eigentlich hinter diesem Gruß? Die Arbeit des Bergmanns war in den vergangenen Jahrhunderten in ganz besonderem Maße mühsam und gefährlich. Gab es doch nicht nur bei der unmittelbaren Arbeit vor Ort so manch ein Unglück. Vielmehr lauerten bereits bei der Ein-, vor allem aber auch bei der Ausfahrt Gefahren, von denen sich wohl die meisten der heute lebenden Menschen kaum eine Vorstellung machen können. Musste doch nach einer anstrengenden Schicht manchmal noch zwei Stunden an den oft glitschigen Fahrten (Leitern) nach oben gestiegen (oder wie es richtig heißt: ausgefahren) werden. Da konnte man schon etwas Glück gebrauchen, und das Wort „auf" in dem Bergmannsgruß steht hier symbolisch für aufwärts.

Von großer Bedeutung war für den Bergmann aber auch der Wunsch nach dem „Auf"-tun möglichst reicher Erzgänge. Fund- und Bergglück sind hierfür bekannte Synonyme.

Somit hat der Bergmannsgruß „Glück auf!" nicht nur eine doppelte Bedeutung, zwischen den beiden Wortbestandteilen besteht zugleich ein untrennbarer Zusammenhang.

Bergmannssegen, gemalt von Gustav Zindel

Oft wird die Frage nach dem Alter des Bergmannsgrußes gestellt. Aber auch hier gilt wie so oft: Etwas Genaues weiß man nicht. Gerhard Heilfurth schrieb einmal in einem Beitrag (Zum Innovations- und Tradierungsprozess des Bergmannsgrußes „Glückauf“), dass Glückauf als Grubenname bereits 1575 im „Eibenstocker Verleihbuch“ auftaucht und als älteste bekannte Erwähnung anzusehen ist. 1680 erwähnt Christian Meltzer, der bekannte Schneeberger Chronist, wahrscheinlich als Erster „Glück auf!“ als allgemein verbreiteten Bergmannsgruß. Balthasar Rößler schreibt in seinem im Jahr 1700 erschienenen Buch „Hell-polierter Berg-Bau-Spiegel“: „Glück auff / ist der Gruß / damit die Bergleute in- und ausser der Arbeit einander grüssen.“ Interessant ist in diesem Zusammenhang schließlich auch, dass der Gruß in viele Lieder aufgenommen wurde, wobei das bekannte Steigerlied wohl zu den ältesten und mit zu den verbreitetsten Liedern aus dem bergmännischen Milieu gehört.

Übrigens: als traditioneller Gruß der Müller gilt „Glück zu!“, und mit „Glück ab!“ grüßen die Luftlandetruppen.

Der Bergbau in sprichwörtlichen Redensarten

Es wird wohl jedem schon einmal passiert sein, dass er eine Redensart mit Bezug auf einen heute ungebräuchlichen oder veränderten Sinn gebraucht und sich hinterher gefragt hat, was sich denn ursprünglich hinter diesem oder jenem Ausdruck „verstecken“ mag. Ist doch unbestritten, dass zahlreiche Bräuche und Tätigkeiten, aber auch Lebensumstände etc. aus vergangenen Zeiten in ihrem ursprünglichen Sinn den heutigen Menschen zwar mehr oder weniger fremd geworden sind, in Redensarten und Sprichwörtern jedoch fortleben. Dass dabei auch der Bergbau seine Spuren – direkt oder indirekt – hinterlassen hat, darf bei dessen Bedeutung in der vergangenen Zeit nicht verwundern.
Nachstehend eine Auswahl dieser Redensarten. Wenn dabei der eine oder der andere Leser dazu angeregt wird, selbst nach weiteren Beispielen – oder ggf. auch nach anderen Bezugspunkten – zu suchen, wäre dies eine erwünschte Nebenwirkung.

Fündig werden – Nach einer (intensiven) Suche Erfolg haben

1. Wenn auf eine abbauwürdige Lagerstätte gestoßen wird, wird man fündig
2. „Ich weiß, das höfflichste Bergwerk ist fündig überreich.“ (alter Bergreihen)

Es knistert im Gebälk – Ein Krach steht unmittelbar vor seinem Ausbruch

Wenn es in einem mit Holz ausgezimmerten Grubenbau (z.B. in einem Stollen) knisterte, war dies ein Zeichen für drückendes Gestein und somit für höchste Gefahr

Das ist eine Goldgrube – Ein Geschäft, bei dem viel Geld verdient wird

Glaube, dass mit einer Goldgrube reiche Ausbeute erzielt wird

Vor der Hacke ist es finster – Man weiß nicht, was das weitere Tun bewirkt

Der Bergmann kann bei seiner Arbeit vor Ort weder sehen noch wissen, was sich hinter einer abzubauenden Wand verbirgt

(Dreimal) auf Holz klopfen – Es wird auf Holz geklopft, um etwas nicht zu beschreien oder zu berufen (vgl. auch „unberufen“)

Die Bergwerksstollen waren in der Regel mit Holz ausgezimmert. Um zu kontrollieren, ob das Holz noch in einem guten und tragfähigen Zustand war, wurde vor Betreten des Stollens an die Holzstützen geklopft. Der Ton, den man beim Klopfen hörte, informierte über den Zustand des Holzes: ein heller Ton bedeutete gutes, trockenes Holz; ein dumpfer Ton nasses, morsches und ggf. sogar faules Holz und damit Gefahr

Etwas auf dem Kerbholz haben – Etwas Unrechtes begangen haben

1. Das Kerbholz diente zur Vorladung vor die Obrigkeit. So ist bei Rößler zu lesen:
   „Kerb-Holtz / ist ein Holtz I. quer Fingers breit / und I. Glied lang / darauf der Bergmeister seinen Nahmen brennet / oder ein ander Zeichen / das brauchet er loco Citationis, wenn er dergleichen einem Bergmanne zuschicket / muß er darauf vor ihm / oder im Berg-Ampte erscheinen."
2. Bekannter ist jedoch seine Verwendung zur Messung zählbarer Leistungen. So wurde im frühen sächsischen Bergbau vom Steiger für jede geleistete Schicht oder geförderte Tonne dem Bergmann eine Kerbe in das Scheit geschnitten. Zur Verlohnung spaltete der Steiger das Scheit, eine Hälfte bekam der Bergmann, die andere der Rechnungsführer.

Die Redensart ist in ihrer heutigen Bedeutung somit zugleich ein gutes Beispiel für eine nicht ganz so seltene Wandlung des Inhalts.

Vor Ort (sein) – Am aktuellen Geschehen hautnah dabei sein
Ort, das jeweils beim Vortrieb erreichte Ende, d.h. die Stelle, wo weitergearbeitet wird

(Eine Sache) zutage fördern – Offenkundig werden
Erze, Mineralien, Abraum etc. ans Tageslicht / zutage bringen (fördern)

Man soll (mit seinen Kräften) keinen Raubbau treiben – Mit den vorhandenen Möglichkeiten sorgfältig und auf die Zukunft bedacht umgehen
Auf den Raub bauen heißt ein Abbauverfahren, das nur auf schnelle Ausbeute aus ist. „Räuberisch bauen / ist / keine Berg-Feste stehen lassen / sondern alles weghauen / und nicht auff die Nachkommen dencken. Oppos. Ist Bergmännisch bauen." *(Rößler)*

Alles geritzt – Es ist alles vorbereitet bzw. es ist alles in Ordnung
Ritzen bedeutet, eine Vertiefung in der abzubauenden Wand anzubringen, damit man Keile gut und an der richtigen Stelle ansetzen kann. Geritzt wird dabei mit einem sog. Ritzeisen. Dies „ist fast wie ein Berg-Eisen / so man ins Gestein hauet / darein man Stück

und Keile setzen kan / verschrämte Wände damit los zu gewinnen. Wenn auff solche Maaße eine Wand abgebracht wird / heißt man es geworfen." *(Rößler)*

Schicht machen – Feierabend machen

„Wenn ein Bergmann von seiner Arbeit gehet / so saget man: Er hat Schicht gemachet." *(Rößler)*

Er hat die letzte Schicht verfahren – Ein Bergmann ist verstorben

Wie die Knappen zu ihrem Namen kamen

Im gesamten deutschsprachigen Raum wird es wohl kaum einen Menschen geben, der mit der Bezeichnung Knappe nichts anfangen kann. In der Regel wird dabei vordergründig die Verbindung zum Bergbau hergestellt, und auch in Mayers Neuem Lexikon von 1973 steht diese an erster Stelle der Begriffserläuterung: „Im Bergbau auf das mittelalterliche deutsche Bergrecht zurückgehende zusammenfassende Bezeichnung aller vollwertig im Bergbau Tätigen im Unterschied zu den Hilfspersonen." Ergänzend dazu findet der Interessierte bei Wikipedia: „Veraltete Bezeichnung für jemand, der die Lehre als Bergmann erfolgreich abgeschlossen hat. Der Knappe entspricht dem Gesellen in Berufen des Handwerks."

Aber wie die Bergleute zu diesem Namen kamen, liegt im Dunkel der Vergangenheit. Mit hoher Wahrscheinlichkeit besteht jedoch eine Verbindung zu den im Mittelalter auf den Ritterhöfen lebenden (Schild-)Knappen. Dies waren in der damaligen Zeit frei geborene junge Männer, die bei einem Ritter das Waffenhandwerk erlernten und nach erfolgreicher Lehrzeit zum Knappen ernannt wurden. Später wurde diese Bezeichnung auch auf andere Berufe übertragen, so ist beispielsweise neben dem Berg- auch der Mühlknappe eine der in der Neuzeit noch bekannten Berufsbezeichnungen. Über den Zeitpunkt und die Umstände der Übertragung gibt es jedoch auch heute noch keine gesicherten Erkenntnisse. Deshalb darf es nicht verwundern, dass sich die Sage dieses „Problems" angenommen und Daniel Knappe – den „Held" der auch auf dem Annaberger Bergaltar dargestellten Sage vom Silberfund am Schreckenberg – zum Namensgeber für diesen Berufsstand gemacht hat *(s. dazu auch: Wie es zur Gründung von Annaberg kam).*

Der Bergknapp.

Ich treib alles Ertz Knappenwerck/
Im Thal vnd auff Sanct Annen Berg/
Mit den Steigern/Knappen vnd Bubn
In Stollen/Schacht vnd den Ertzgrubn/
Mit graben/zimmern/bölzn vnd bauwn/
Mit eynfahren/ brechen vnd hauwn/
Wird ich fündig vnd Silber bring/
So ist der Bergherr guter ding.

Der Bergknapp (aus dem Ständebuch von Jost Amann, 1568)

Wird über Knappen geredet, dürfen die ebenfalls eine lange Tradition aufweisenden Zusammenschlüsse der Knappen in so genannten Knappschaften nicht vergessen werden. Nun stehen zwar in der heutigen Zeit mit deren Beteiligung an Umzügen, der Durchführung von Mettenschichten, denkmalpflegerischen und montanhistorischen Arbeiten vor allem Aufgaben auf dem Gebiet der Traditionspflege im Vordergrund ihres Wirkens. Die Verbindung zum und mit dem Bergbau im Allgemeinen ist aber nach wie vor der tragende Gedanke ihrer verdienstvollen Tätigkeit. Ursprünglich waren sie Arbeits- und Solidargemeinschaften der Bergleute, wobei der Name Knappschaft bereits im ausgehenden 15. Jahrhundert allgemein gebräuchlich geworden war. Dokumentiert ist er bereits 1426 in einer Urkunde aus Freiberg. Als Knappschaft kann zunächst ganz allgemein ein im deutschen Bergbau entstandener freiwilliger, zunftmäßiger Zusammenschluss der Knappen zur gegenseitigen Unterstützung und zur gemeinsamen Vertretung ihrer Rechte und Pflichten definiert werden (vgl. Meyers Neues Lexikon 1973). Am Anfang ihrer Geschichte stand dabei jedoch vielfach vordergründig das Bedürfnis von Menschen bestimmter Tätigkeitsbereiche im Bergbau nach einem gemeinsamen Gottesdienst – insbesondere nach einer Messe vor Schichtbeginn (Altar-

Bergparade

bruderschaften). Damit verbunden war zugleich der Unterhalt eines Altars und später auch eines (Berg-)Predigers. Die dabei gesammelte Kollekte, der Büchsenpfennig, diente zunächst nur diesem Zweck. Bald aber kamen soziale Aspekte hinzu. Insbesondere wurden im Bergwerk Verunglückte und Kranke sowie deren Hinterbliebene aus der so genannten Büchsenkasse unterstützt, aber auch für die Begräbnisse der verstorbenen Mitglieder wurde gesorgt. Mit der weiteren Entwicklung verbunden war die Einführung regelmäßiger Zahlungen durch die Knappen in die Büchsenkasse, was erstmals aus dem Jahr 1450 überliefert ist. Aus Schneeberg ist bekannt, dass 1471 die von den Knappen zu leistende wöchentliche Zahlung in die für alle Bergleute verbindliche Bergordnung aufgenommen wurde.
Der Zusammenschluss von Bergleuten in Knappschaften war zudem ein Mittel, um sich gegen Willkür und Ausbeutung durchsetzen zu können. Nach Meinung mancher Montanhistoriker (z.B. H. Wilsdorf: Montanwesen – Eine Kulturgeschichte) war der erste überlieferte Arbeitskampf im Bergbau 1426 sogar ein, wenn nicht gar der entscheidende Ansatz für die Gründung der Knappschaft.
Im ausgehenden 15. Jahrhundert hatten sich sodann die Knappschaften allgemein durchgesetzt, wobei zugleich der Wandel des Büchsenpfennigs von der rein kirchlichen zur weitgehenden sozialen Nutzung eingeschlossen war. Gewissermaßen als ein äußerliches Zeichen für diese Entwicklung und für die erreichte Bedeutung der Knappschaften kann angesehen werden, dass in der Regel unmittelbar nach der Gründung der Bergstädte in diesen auch eine Knappschaft gebildet wurde.

Sachsens (fast) vergessene Bergbauregion

Wird von den sächsischen Bergbauregionen „gesprochen“, hat man im Allgemeinen die Gebiete um Annaberg, Freiberg, Marienberg und Schneeberg im Blickfeld. Dabei bleibt in der Regel unbeachtet, dass im Hochmittelalter auch nördlich von Chemnitz – zwischen Frankenberg und Mittweida – eines der damals bedeutendsten Bergbauzentren lag. Obwohl nicht überliefert ist, wie die ersten Erzfunde erfolgten, lässt sich dank der in der Neuzeit erfolgten archäologischen Untersuchungen der Zeitpunkt der ersten Schürfungen relativ exakt bestimmen: er kann – auch unter Berücksichtigung der politischen

und montanhistorischen Gegebenheiten – in die Zeit um 1220 eingeordnet werden. Interessanterweise hat sich aber in Überlieferungen, so auch in dem Sagenschatz unserer Heimat, über Generationen hinweg die Meinung erhalten, dass der umfangreiche frühzeitliche Bergbau in Frankenbergs Umgebung viel früher begann. So schreibt beispielsweise Paul Forkmann im Jahr 1903, dass die älteste Grube bereits 922 – nach anderen Erzählern 928 – in Biensdorf entstanden sein soll. An diesem Ort sei gewachsenes Silber und gediegenes Kupfer zutage getreten. Auch auf dem Treppenhauer sollen bereits 922 bzw. 927 die ersten Schürfversuche gemacht worden sein. In den folgenden Jahren hätten hier einige Gruben eine solche Tiefe erreicht, dass allein 250 Knechte zur Hebung des Wassers nötig gewesen seien. 1002 soll der Volksmeinung nach der Bergbau in Zschöppichen, 1004 in Schönborn, 1036 in Lichtenau, 1054 in Grumbach, 1137 in Neudörfchen und 1247 in Merzdorf begonnen worden sein.
Der Überlieferung nach sollen von 922 bis 1640 im gesamten Mittweidaer Bezirk 79 Gruben bebaut worden sein. Nach anderen Quellen sollen es im Zeitraum von 927 bis 1682 sogar 87 Gruben gewesen sein. Belegbar ist dagegen, dass einst auf dem Treppenhauer eine Bergstadt, vermutlich Bleiberg, existierte. Nach Meinung von verschiedenen Autoren haben zur Blütezeit der Stadt 2200 bis 2500 Menschen in dieser gelebt. Als aber um das Jahr 1350 der Bergbau auf dem Treppenhauer eindringender Wassermassen, klimatischer Veränderungen, einer großen Seuche und/oder wirtschaftlicher Aspekte wegen eingestellt werden musste, wurde auch die Siedlung aufgegeben. Einer Sage nach soll jedoch der Reichtum der Bewohner für den Untergang verantwortlich gewesen sein. Habe dieser doch die Menschen zu einem derart ausschweifenden Leben verführt, dass Gott zur Strafe die Erze taub werden ließ. Im Volke blieb der Glaube an die reichen Schätze des Treppenhauers aber auch nach dem Erliegen des Bergbaus noch lange Zeit lebendig. So riet Ende des 17. Jahrhunderts, als wieder mit dem Bergbau begonnen werden sollte, der damals älteste Bewohner Sachsenburgs, dass man sogar die Kühe im Stall verkaufen solle, um dadurch die Mittel zum erneuten Betrieb der Gruben zu erhalten.
Zahlreiche Bodenfunde ermöglichen übrigens die Rekonstruktion eines annähernd realen Lebensbildes aus der damaligen Zeit. So hat u.a. der Verein Mittelalterliche Bergstadt Bleiberg e.V. sich zur Aufgabe gemacht, mit staatlicher Unterstützung und viel Engagement anhand der Grabungsfunde und erkennbarer Siedlungsreste an dem ursprünglichen Standort ein originalgetreues Freilichtmuseum aufzubauen. Dabei spricht das bisher am Westrand von Sachsenburg (ein Ortsteil von der an der Autobahn BAB 4 gelegenen

Freilichtmuseum auf dem Treppenhauer

Stadt Frankenberg) Erreichte bereits augenfällig für den Erfolg der Bemühungen. Zahlreiche Bodenfunde wurden (und werden) zudem dokumentiert und sind im nahe gelegenen Schloss Sachsenburg zu besichtigen.
Abschließend noch ein Tipp: Die Besichtigung des Freilichtmuseums und des Schlosses Sachsenburg lässt sich gut in eine Wanderung entlang der Zschopau einbinden, wobei hierbei gleichzeitig noch ein guter Überblick über die Ausdehnung des früher hier befindlichen Bergbaureviers gewonnen werden kann. Konnten doch dank der Arbeit vieler ehrenamtlicher Helfer an dem Weg von Sachsenburg bis Schönborn-Dreiwerden bzw. bis Mittweida zahlreiche weitere Zeugnisse der früheren Bergbautätigkeit vor dem endgültigen Verfall gerettet und der Nachwelt erhalten werden. Viele von ihnen sind auch bereits wieder für Besucher zugängig. Besonders hervorgehoben seien in diesem Zusammenhang das Besucherbergwerk „Wismut-Stolln" und der Altbergbau der Fundgrube „Hülfe des Herrn" in Biensdorf sowie der „Alte Hoffnung Erbstolln" in Schönborn-Dreiwerden. Als Besonderheit sei dabei vermerkt, dass die Besucher in das letztgenannte Besucherbergwerk mit einem Boot einfahren können. Nicht unerwähnt soll schließlich auch die wieder rekonstruierte Erzbahn bleiben, die dem Transport der in Schönborn abgebauten Erze zu dem in Dreiwerden befindlichen Pochwerk und zu der Erzwäsche diente. Detaillierte Hinweise – einschließlich Öffnungszeiten, Eintrittspreise etc. – findet der Interessent im Internet unter www.bergbau-im-zschopautal.de sowie www.schaubergwerk.de.

Wechselvolle Geschichte einer böhmischen Bergstadt

Für wohl viele der von Deutschland mit dem Pkw in das Landesinnere von Tschechien oder in andere südosteuropäische Länder Reisende ist Jáchymov – wie St. Joachimsthal heute offiziell heißt – nur noch ein Ort unter vielen anderen böhmischen Orten, den man im Hinblick auf das angestrebte Ziel möglichst schnell „abhakt". Und zugegeben: das heutige Stadtbild an der „Transit"-Strecke verführt auch nicht unbedingt zu einem Zwischenstopp oder gar zu einem längeren Aufenthalt. Wenn man aber durch die Ausschilderung eines Kurviertels neugierig geworden doch einmal die Fahrt unterbricht und dem Hinweisschild folgt, ist man in der Regel einfach nur überrascht, was St. Joachimsthal außerhalb der offiziellen Route an Schönheiten

Stadtansicht Jáchymov (St. Joachimsthal)

zu bieten hat. Zugleich wird vielfach bei einem sich anschließenden Bummel anhand von prächtigen, sich oftmals erst auf den zweiten Blick offenbarenden Bauten das Interesse an der Geschichte dieser Stadt geweckt.
Als eigentliches Geburtsjahr der Stadt kann das Jahr 1520 angesehen werden. Erhob doch in diesem Jahr der böhmische König Ludwig II. den bereits an dieser Stelle bestehenden Ort Conradsgrün zur freien Bergstadt und verlieh ihr den Namen St. Joachimsthal. Der Silberreichtum brachte ein rasches Wachstum der Stadt mit sich. Waren es im Gründungsjahr an die 5000 Einwohner, lebten zu Beginn der dreißiger Jahre des 16. Jahrhunderts bereits über 18 000 Menschen in der Stadt. St. Joachimsthal war in dieser Zeit nicht nur einer der wichtigsten Bergbauorte auf der böhmischen Seite des Erzgebirges, sondern zugleich eine der größten Städte im weiten Umfeld geworden. In dieser Blütezeit des Silberbergbaus – zwischen 1516 und 1545 sollen 285 Tonnen Silber ausgebracht worden sein – wurden zahlreiche prunkvolle Gebäude errichtet, so beispielsweise auch das Rathaus. Zudem wurden durch die Ausstrahlung der Stadt bekannte Persönlichkeiten angezogen, die hier erfolgreich wirkten.

Dazu gehörten nicht nur G. Agricola, sondern beispielsweise auch L. Ercker und J. Mathesius. In der zweiten Hälfte des 16. Jahrhunderts ging der Silberbergbau jedoch stark zurück und erreichte nach einem kurzen Aufflackern vor allem in der zweiten Hälfte des 18. Jahrhunderts nie wieder die Bedeutung wie zur Zeit der Stadtgründung. Ebenso konnte der zwischenzeitlich relativ bedeutende Abbau von Wismut- und Kobalterzen den Rückgang auf die Dauer nicht aufhalten. Analog gilt dies gleichfalls für die Uranförderung im zweiten Drittel des 20. Jahrhunderts.
Diese Entwicklung blieb nicht ohne Auswirkungen auf die Bedeutung der Stadt und besonders auf die Zahl ihrer Bewohner. Zusätzlich wirkte hierauf noch negativ die in Böhmen unter Kaiser Ferdinand II. in den Jahren 1624 bis 1626 betriebene Rekatholisierung ein, in deren Folge zahlreiche böhmische Protestanten das Land verließen *(s. hierzu auch: Der Pfarrer von Geising)*. Schließlich blieb auch die nach 1945 einsetzende Entwicklung nicht ohne Auswirkung auf die Bevölkerungsstruktur und auf das Ansehen der Stadt.
Nun wurden zwar in den zurückliegenden Jahren – historisch bedingt – in unseren Breiten die Probleme dieser einst so bedeutenden Stadt nicht unbedingt in das Licht der Öffentlichkeit gerückt. Aber drei Komplexe sind dennoch mehr oder weniger vordergründig im Bewusstsein der Menschen mit dieser Stadt verbunden:

- der Name der us-amerikanischen Währung,
- der Uranbergbau und
- der Bäderbetrieb.

Dazu einige Anmerkungen:
Untrennbar mit der Entwicklung von St. Joachimsthal verbunden ist die 1518 begonnene Prägung von Münzen in der durch den Grafen Stephan von Schlick in der freien Bergstadt eingerichteten Münzstätte, die später in der königlichen Münzprägeanstalt fortgeführt wurde. Diese Joachimsthaler Guldengroschen – von denen allein zwischen 1520 und 1528 rd. 2,2 Mio Stück (!) geprägt wurden – zeigen den heiligen Joachim (Avers) sowie den böhmischen Löwen (Revers) und wurden als Taler schnell zu einer der bedeutendsten Währungen in der Münzgeschichte. Obwohl mit der deutschen Reichsgründung im Jahre 1871 und der damit verbundenen Einführung einer einheitlichen Währung das Aus für den Taler besiegelt wurde, lebt zumindest sein Name noch in zahlreichen Währungen fort, wobei der Dollar die wohl bekannteste und heute noch gebräuchlichste Variante ist. Aber auch in Sprichwörtern (z.B. „Wer den Pfennig nicht ehrt, ist den Taler nicht wert“) oder in alten Kinderliedern (beispielsweise „Taler, Taler, du

Kirche und Schacht „Svornost“ in Jáchymov

musst wandern“) wird die Erinnerung an diese einst so bedeutende Münze wachgehalten.

Die Uranförderung im Joachimsthaler Revier begann in der Mitte des 19. Jahrhunderts. Die vordem bereits im 16. Jahrhundert im Zusammenhang mit dem Abbau von Silber betriebene Grube Eintracht (Svornost) gilt dabei als ältestes Uranbergwerk der Welt. Bereits zur Zeit der Silberförderung als Pechblende bekannt, wurde das Uranerz in der ersten Zeit des Abbaus vor allem für die Farbherstellung verwendet. Der große Durchbruch kam im Jahr 1898,

als das Ehepaar Curie in den auf Halde gekippten Abfällen des Bergbaus die Elemente Radium und Polonium mit den positiven Auswirkungen des radioaktiven Wassers auf die menschliche Gesundheit entdeckten. Leider wurde nach der Entdeckung der Kernspaltung Ende der dreißiger Jahre des vergangenen Jahrhunderts das Uranerz vor allem für militärische Zwecke interessant. Dabei war von großer Bedeutung, dass in den Jahren vor 1945 die Bergwerke von St. Joachimsthal als einzige Uranerzgruben der Welt galten. Der in der Folgezeit mit dem atomaren Wettrüsten einhergehende Bedarf an diesen Erzen führte nicht nur zur Suche nach neuen Lagerstätten, sondern gleichfalls zu einem heute unvorstellbaren Raubbau unter teils unmenschlichen Bedingungen. Zudem wurde das Fördergebiet von St. Joachimsthal zum Sperrbezirk deklariert. Ein eingerichteter Lehrpfad – Jáchymov-Inferno – hält die Erinnerung an diese traurige Epoche wach. Anfang der sechziger Jahre wurde der Uranabbau im Joachimsthaler Revier beendet, und die Stadt konnte an den Aufbau eines normalen Lebens denken.
Eng mit den Uranerzvorkommen im Zusammenhang steht auch die Bedeutung von St. Joachimsthal als Bäderstadt. 1864 wurden in der bereits erwähnten Grube Eintracht (Svornost) die Bergleute in einer Teufe von 500 m von eindringendem Wasser überrascht, durch das allmählich die gesamte Grube geflutet wurde. Aber gerade dieses Wasser war es, das nach der durch das Ehepaar Curie gelungenen Entdeckung eine zweite Blüte von St. Joachimsthal bewirken sollte. Waren die Forscher doch davon überzeugt, mit dem radiumhaltigen Wasser ein wirksames Heilmittel gegen Krankheiten wie Krebs und Rheumatismus gefunden zu haben. Nach bescheidenen Anfängen – das erste Radiumbad mit zwei Wannen soll sich in einer Bäckerei befunden haben – wurde bereits 1911 das erste Kurgebäude eröffnet. Das zum Betrieb benötigte Wasser wurde dabei in einer kilometerlangen Leitung aus der Grube Eintracht herangeleitet. Das noch heute den Ort prägende Kurhotel Radium Palace nahm kurz darauf im Jahre 1912 den Betrieb auf. Die erzielten Heilerfolge bewirkten, dass in der Folgezeit immer mehr Persönlichkeiten aus allen Bereichen des gesellschaftlichen Lebens das Bad aufsuchten. In den dreißiger Jahren wurde der Kurort jährlich von rund 9000 Gästen besucht. Aber auch der Kurbetrieb wurde durch den Krieg negativ beeinflusst. Hinzu kamen gravierende Einschnitte durch den Uranerzbergbau und die damit verbundenen Einschänkungen im öffentlichen Leben. Erst in den siebziger Jahren des 20. Jahrhunderts erlangte der Kurbetrieb allmählich wieder eine angemessene Bedeutung. Zwar konnte bisher noch nicht wieder an die frühere Blütezeit angeknüpft werden, aber Anerkennung verdienen die vielfältigen Bemühungen allemal.

Der Pfarrer von Geising

Eine Erzählung über den sächsischen Zinnbergbau aus dem Jahre 1898 von Bernh. Störzner

Im östlichen Teil des sächsischen Erzgebirges liegt das zur Amtshauptmannschaft Dippoldiswalde gehörige Bergstädtchen Geising. Dasselbe schmiegt sich an den Fuß des 823 m hohen Geisingberges an, der ziemlich steil zum Tale abfällt. Das Städtchen Geising, das in der Gegenwart viel von Wanderern und Sommerbewohnern aufgesucht wird, zählt gegen 1200 Einwohner, die alle der lutherischen Konfession angehören. Dieselben beschäftigen sich jetzt meist mit Strohflechterei. In früherer Zeit wurde hier oben bedeutender Bergbau auf Zinn getrieben. Die vielen Berghalden zeugen noch heute hiervon. Auch manch altehrwürdiges Gebäude erinnert an jene Tage. Schon seit Jahren ist freilich der Bergbau sehr zurückgegangen, und vielleicht kommt bald die Zeit, in der dieses Bergstädtchen gar keine Bergleute mehr aufweisen wird.

Recht lebhaft ging es in Geising um die Mitte des vorigen (d.h. des 18. Jahrhunderts – D.W.) zu. Damals wohnten hier viele hundert Bergleute, die alle gute und brave Lutheraner waren. Dieselben arbeiteten in den Bergwerken des benachbarten Zinnwaldes und wohnten in Geising meist nur zur Miete. Der Lohn war freilich kein sehr hoher, doch reichte er für ein genügsames und einfaches Leben aus. Die Geisinger Bergleute waren zufriedene Menschen und fühlten sich glücklich; hatten sie doch so viel, als zu des Leibes Nahrung und Notdurft gehört. Bald sollten die evangelischen Bergleute Geisings aber recht plötzlich in die bitterste Not kommen. Der benachbarte Zinnwald, auf dem die Geisinger Bergleute zumeist arbeiteten, lag über der Grenze, in Böhmen, und gehörte zum Reiche der damaligen Kaiserin Maria Theresia, die bekanntlich eine eifrige Katholikin war. Dieselbe erließ, was niemand erwartet hatte, den strengen Befehl, daß es von einem bestimmten Tage an nur katholischen Bergleuten erlaubt sein solle, auf dem böhmischen Zinnwalde zu arbeiten. Bei harter Strafe wurde verboten, den lutherischen Bergleuten Geisings ferner noch Arbeit in den kaiserlichen Bergwerken zu geben. Wie ein Blitz aus heiterem Himmel traf diese Nachricht die Gemüter der armen Geisinger Bergleute. Wegen ihres Glaubens sollten sie also fernerhin keinen Verdienst und kein Brot mehr haben. Das war hart! Mit einem Schlage waren sie an den Bettelstab gekommen; denn wo sollten sie nun auf einmal Arbeit hernehmen? Die Not der armen Bergleute, die ja gern und fleißig schafften, war groß. Da gab es der Tränen gar viele.

Zu der Zeit, da ein so hartes Gebot von der Kaiserin Maria Theresia ausging, lebte in Geising ein frommer Pfarrherr, ein ehrwürdiger Greis. Diesem ging die Not eines so großen Teils seiner lieben Gemeinde gar tief zu Herzen, und bald hatte er Mittel und Wege gefunden, die eine Änderung der harten Lage der lutherischen Bergleute Geisings herbeiführen sollten. Der scharfsichtige Pfarrherr von Geising wußte wohl, was die Kaiserin Maria Theresia, die den Glauben ihrer Kirche für den alleinrichtigen hielt, durch ihr Gebot bezweckte. Ihre Absicht war, recht viele Protestanten wieder in den Schoß ihrer Kirche zurückzuführen. Hierzu sollte der harte Befehl ein Mittel sein; denn wollten die lutherischen Bergleute fernerhin ihr Brot haben, so waren sie gezwungen, wenn nicht von anderwärts Hilfe kam, zur katholischen Kirche überzutreten. Die Versuchung für die armen Bergleute war keine geringe. Es kostete ja nur ein Wort, und die Not hatte sofort ein Ende. Armut und Mangel mußten den Entschluß erleichtern. Dem Pfarrer war dies alles ganz klar, und der Gedanke daran machte ihn unglücklich. Gern hätte der treue Seelsorger seine Kirchkinder vor der ihnen drohenden Gefahr gewarnt; doch durfte er, wie die Verhältnisse damals lagen, nicht wagen, dies öffentlich zu tun. Er hätte die Bedrohten in sein Haus versammeln können, doch auch dieser Schritt wäre gewiß nicht ohne Verdächtigung geblieben, da es Späher und Verräter genug gab. Da fiel ihm etwas Besseres ein.
Er kannte genau die Gebräuche der Bergleute; er lebte ja seit vielen Jahren unter ihnen und war völlig vertraut mit ihren Sitten. Er verkleidete sich deshalb als Bergmann, ging nach dem Zinnwalde, ehe noch der Befehl der Kaiserin Maria Theresia zur Ausführung gekommen war, und fuhr in die Bergwerke des Zinnwaldes mit ein. Hier unten nun, im verschwiegenen Schoß der Erde, beim schimmernden Grubenlichte, hielt er mit den Geisinger Bergleuten einen feierlichen Gottesdienst. Späher waren hier nicht zu fürchten, da die Geisinger Bergleute, also die lutherischen, in einem besonderen Bergwerke arbeiteten. Er ermahnte hier unten seine Beichtkinder innigst und unter Tränen, ja dem Glauben der Väter treu zu bleiben. Nach dieser Ansprache kniete er mit der kleinen Gemeinde nieder und flehte Gott inbrünstig an, daß er sich der armen und bald brotlosen Bergleute annehmen und ihr Geschick auf irgend eine Art wenden möge, damit sie nicht verleitet würden, um des täglichen Brotes willen dem Glauben der Väter zu entsagen. Es war eine erhebende Feier. Getröstet und voll Vertrauen auf Gott sahen nun die Geisinger Bergleute dem Tag entgegen, an welchem der Befehl Maria Theresias Kraft und Wirksamkeit erhalten sollte. Wie richtig der Pfarrer von Geising über die Absicht der Kaiserin gedacht hatte, zeigte sich an diesem Tage. Mehrere katholische Geistliche hatten sich schon am Morgen desselben am

Ortsansicht Geising

Zinnwalde versammelt, um die Bergleute aus Geising zu empfangen. Doch sie warteten vergebens; denn nicht ein einziger Bergmann erschien und meldete sich zum Übertritte. Die Verwunderung der Priester war nicht gering; sie hatten es sich ganz anders gedacht, und betreten über die getäuschten Erwartungen, statteten sie der Kaiserin Bericht ab. Die Bergwerke auf dem Zinnwalde wurden von diesem Tage an von den Geisinger Bergleuten nicht mehr befahren.

Gleichzeitig war der ehrwürdige Pfarrer von Geising nach Dresden gereist, um über den Sachverhalt zu berichten und die Notlage der Geisinger den Behörden des Landes ans Herz zu legen. Seine tiefbewegten Worte fanden Gehör, und die Behörde versprach zu tun, was sie vermöge. Mit dieser Freudenbotschaft reiste er wieder nach Geising zurück. Dort wartete man mit großer Spannung auf seine Heimkehr. Wie glücklich waren die armen Geisinger über den Bericht ihres treuen Seelenhirten, wiewohl noch niemand wußte, auf welche Art und Weise die Behörden den unglücklichen Bergleuten Hilfe bringen werde.

Die Behörde zu Dresden berichtete alsbald an das Oberbergamt zu Freiberg und übertrug demselben das weitere. Hier kam ein einsichtsvoller Beamter auf den Gedanken, es könne vielleicht auch auf dem nach Sachsen herein sich erstreckenden Teil des Zinnwaldes Zinn gewonnen werden. Bestätige sich dies, so brauche man ja nur Bergwerke anzulegen, und die Not der Geisinger hätte ein Ende, das Vaterland aber wäre zugleich um eine Einnahme reicher.

Sofort wurden sachverständige Männer abgesandt, welche die sächsische Seite des Zinnwaldes zu untersuchen hatten. Was jener Beamte vermutet hatte, fand man bald bestätigt. Der sächsische Teil des Zinnwaldes zeigte sich ebenso reichhaltig an Zinn wie die böhmische Seite. Daraufhin wurden sogleich Zinngruben angelegt, die dem Lande einen reichen Gewinn brachten und eine neue Einnahmequelle für dasselbe wurden. Nun hatten die Geisinger Bergleute wieder Arbeit und Brot. Gott hatte geholfen. Die Not hatte ein Ende, und der heilige Glaube der Väter blieb treu bewahrt und erhalten. Bald erhielten die Bergleute Geisings auch die Erlaubnis, in der Nähe dieser neuen Gruben sich anzusiedeln. So entstand nach kurzer Zeit in der Nachbarschaft Geisings ein neuer Ort, den man, da er am Zinnwalde lag, Neuzinnwald nannte. Der Flecken, der eine knappe Stunde von Geising entfernt liegt, wuchs in wenigen Jahren zu einem ansehnlichen Orte heran, der heute (d.h. gegen Ende des 19. Jahrhunderts – D.W.) gegen 600 Einwohner zählt und immerdar an den edlen Pfarrer von Geising erinnert wird; denn dieser ist als der eigentliche Gründer Neuzinnwalds anzusehen. Der vortreffliche Mann hieß Emanuel Heinrich Kauterbach; sein Bild schmückt noch heute die Kirche in Geising …

Johann Friedrich Mende und das erste Schiffshebewerk der Welt

Sollen einmal all die Persönlichkeiten aufgezählt werden, die den Bergbau im sächsischen Erzgebirge prägten, kommt mit Sicherheit nicht nur manch ein Experte ins Grübeln. Insbesondere steht dann immer die Frage im Raum, ob denn auch alle erfasst wurden. Wenn dann gar aus der langen Reihe dieser bedeutenden Männer einer hervorgehoben werden soll, deutet sich bereits die nächste „Schwierigkeit“ an. Denn oft sind die Verdienste dieser Menschen so vielgestaltig, dass allein deren Aufzählung – von einer Wertung ganz zu schweigen – wiederum erhebliche Probleme bereitet.
Einer aus dem Kreis dieser Persönlichkeiten ist zweifelsohne Johann Friedrich Mende. Am 3. Oktober 1743 in Lebusa (Niederlausitz) geboren und am 1. Juli 1798 in Freiberg gestorben, hat in seinem relativ kurzen Leben nicht nur bei dem Bau und der Einführung von Wassersäulenmaschinen im sächsischen Bergbau große Verdienste erworben, sondern gleichermaßen beim Bau von verschiedenen Göpel, Pumpen, Gebläsen und anderem mehr. Sein

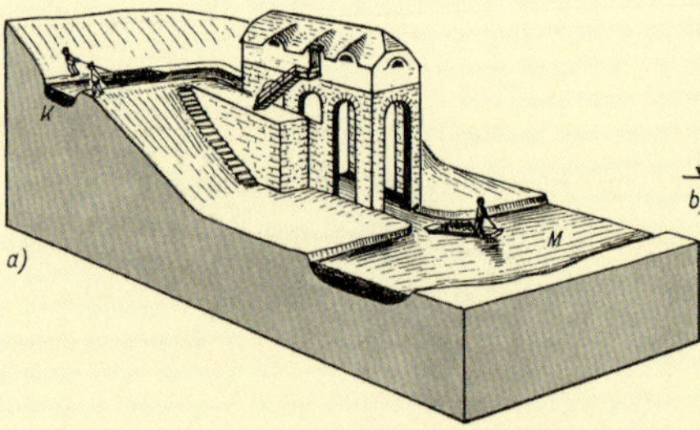

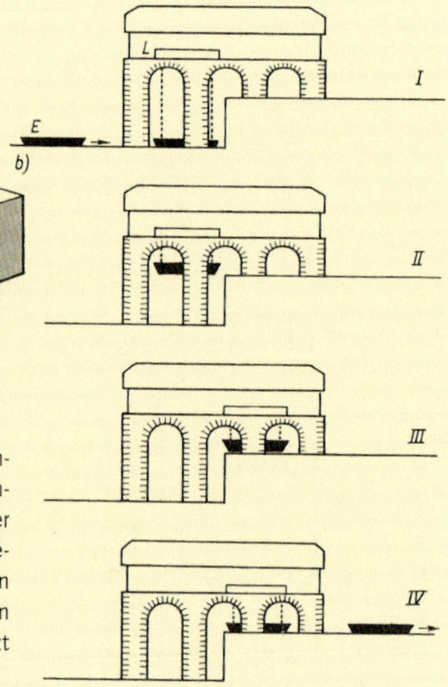

a) **M** Mulde, **K** oberer Kanal

b) *I* Der Erzkahn **E** fährt von der Mulde aus in das Kahnhebewerk ein und wird an die Ketten der Laufkatze **L** angehängt; *II* Der Erzkahn wird mit den Flaschenzügen der Laufkatze über das Niveau des oberen Kanals emporgehoben; *III* Die Laufkatze fährt mit dem Erzkahn über den oberen Kanal; *IV* Der Erzkahn wird mit den Flaschenzügen der Laufkatze in den oberen Kanal hinabgelassen und setzt in diesem seine Fahrt fort.

Ursprünglicher Zustand (a) des Kahnhebehauses am Churprinzer Bergwerkskanal mit Funktionsskizzen (b), nach O. Wagenbreth „Der Freiberger Bergbau“

Kahnhebehaus im jetzigen Zustand

Können war so überzeugend, dass er bereits im Alter von 27 Jahren zum Kunstmeister bei allen sächsischen Bergämtern ernannt und 1789 zum Maschinenbaudirektor befördert wurde.
Als besonders hervorragende Leistung ging jedoch die von ihm im Tal der Freiberger Mulde in den Jahren 1788 bis 1789 angelegte Untere Churprinzer Wasserversorgung in die Annalen ein. Hierbei handelt es sich um einen von der Grube Churprinz Friedrich August zur Hütte in Halsbrücke führenden Bergwerkskanal. War doch der bis dahin mit Pferdefuhrwerken durchgeführte Erztransport auf Grund der geographischen Verhältnisse nicht nur schwierig, sondern auch teuer. Da genügend Wasser zur Verfügung stand, wurde die Idee geboren, das Erz auf dem Wasserweg zu transportieren. Der Kanal wurde dabei so angelegt, dass er nicht nur zum Transport der Erze mit Hilfe von Kähnen geeignet war, sondern dass gleichzeitig auch das benötigte Aufschlagwasser für den Grubenbetrieb herangeführt wurde. Die Reste einer an der Altväterbrücke bei Halsbrücke errichteten Schleusenkammer sowie des ebenfalls 1788/89 errichteten und bis 1868 in Betrieb befindlichen Rothenfurther Kahnhebewerkes – das als erstes Schiffshebewerk der Welt gilt – zeugen von den bei dem Bau des Kanals zu bewältigenden Problemen sowie von der großen wasserbautechnischen Leistung Mendes und ringen auch dem heutigen Besucher immer wieder Bewunderung ab.
Wenn es auch schwerfällt ein Detail aus diesem Ensemble hervorzuheben, soll dennoch mit wenigstens ein paar Zeilen das Kahnhebewerk gewürdigt werden. Wurden doch in diesem „die Kähne etwa 6,8 m hoch gehoben. Dazu fuhr man sie an der unteren Stirnseite in das Hebehaus hinein, hängte sie an einen fünffachen Flaschenzug, hob sie mit diesem über 7 m hoch, fuhr sie in dieser Stellung mit einer Laufkatze über das Oberbecken und senkte sie dort mit dem Flaschenzug wieder ins Wasser“ *(s. Der Freiberger Bergbau)*. Die nebenstehende Skizze verdeutlicht nochmals anschaulich das Funktionsprinzip des Kahnhebewerkes.
Das Rothenfurther Kahnhebewerk ist selbst in seinem heutigen Zustand noch ein interessantes Ausflugsziel im Zusammenhang mit bergbaulichen Erkundungen. Eine anschauliche Wegbeschreibung für eine entsprechende Tour mit zahlreichen weiteren Informationen über den am Weg liegenden Altbergbau findet der an einer derartigen „Bergbauwanderung“ interessierte Leser in dem vom Fremdenverkehrsverein Freiberg e.V. herausgegebenen Faltblatt „Das Bergbaurevier Halsbrücke. Beschreibung eines Wanderweges“. Spezielle Ausführungen zu dem Kahnhebewerk sind zudem in dem von O. Wagenbreth und E. Wächtler herausgegebenen Buch „Der Freiberger Bergbau. Technische Denkmale und Geschichte“ nachzulesen.

Bergkirche St. Marien in Annaberg

Die Annaberger Bergkirche – Ein Denkmal bergmännischen Lebens

Es gibt wohl kaum einen Besucher Annabergs und ganz speziell des Annaberger Weihnachtsmarktes, den es nicht in die Annaberger Bergkirche St. Marien zieht. Ein besonderer Anziehungspunkt in diesem Kleinod kirchlicher Baukunst ist dabei die von erzgebirgischen Holzbildhauern geschaffene und seit 2005 ständig erweiterte Bergmannskrippe. Stellt diese doch mit ihren über 30 Großfiguren Christi Geburt mitten in das frühe bergmännische Leben. So wurde beispielsweise Maria als stillende Bergmannsfrau und Josef als Bergmann gestaltet. Auch der Bergschmied sowie weitere typische Vertreter des (berg-)städtischen Lebens fehlen nicht.
Aber bei aller Bewunderung dieser einmaligen Leistung erzgebirgischer Bildhauerkunst soll und darf natürlich nicht übersehen werden, dass die Bergkirche St. Marien selbst ein einmaliges, untrennbar mit dem Bergbau verbundenes Denkmal ist. Dabei ist auch der Name bereits eine Besonderheit: Haben die allgemein bekannten Bergkirchen ihren Namen in der Regel von ihrem Standort auf einer mehr oder weniger markanten Höhe, erhielt St. Marien die Bezeichnung als Bergkirche, weil sie zu Beginn des 16. Jahrhunderts von einer Bergknappschaft erbaut und fortan von dieser auch unterhalten wurde. Sie wird deshalb oft auch als knappschaftliche Sonderkirche bezeichnet.
Eingeordnet in die erste Blüte des Annaberger Bergbaus und die damit verbundene Entwicklung der Stadt zum bedeutendsten Zentrum im Erzgebirge erfolgte die Grundsteinlegung zu der Kirche am 23. April 1502. Wollte doch die Annaberger Bergknappschaft eine eigene Bergkapelle an einer repräsentativen Stelle in Annaberg haben. Nun mag man ja den Standort an der Nordwestecke des Marktes zwar sicherlich sehr romantisch, aber aus heutiger Sicht doch etwas abgelegen finden. In der damaligen Zeit befanden sich hier jedoch bereits solch bedeutende Bauten wie das Zehntenhaus und das Bergamtshaus. Auch die Annaberger Herzogliche Münze waren in unmittelbarer Nähe. Darüber hinaus bildeten „zahlreiche Gruben unterschiedlicher Größe … deutlich sichtbar das bergbauliche Umfeld der Bergkirche“ (B. Lahl).
Für die Verwirklichung ihres Wunsches waren die Mitglieder der Bergknappschaft auch „gern bereit, einen Teil ihrer wöchentlichen Büchsenpfennige anzuwenden. Da der noch sehr junge Annaberger Bergbau sich zudem in seiner ersten Blütezeit befand, fiel es nicht schwer, die für den Bau notwendigen Mittel aus der Knappschaftskasse bereitzustellen. Sicher hat auch Herzog Georg der Bärtige seinen Beitrag dazu geleistet und nicht nur die Bitte um

Figuren aus geschnitzter Bergmannskrippe

Genehmigung zum Bau gnädigst bewilligt“ (B. Lahl). Obwohl der Bau kurz vor seiner Vollendung durch ein Unwetter Schaden nahm, kam es bereits 1503 zur Fertigstellung der Bergkirche. Fortan mussten zwei Kapläne alle Tage früh um vier Uhr die Messe halten. Dieser frühe Termin ermöglichte sowohl den aus- als auch den einfahrenden Bergleuten an dieser Messe teilzunehmen. Der Zustrom muss in der damaligen Zeit enorm gewesen sein.
Einen wichtigen Eckpunkt in der Geschichte der Bergkirche bildet das Jahr 1539. Anlässlich der Feierlichkeiten zur Einführung der Reformation in Sachsen sicherte Herzog Heinrich von Sachsen der Annaberger Bergknappschaft nicht nur das Fortbestehen ihrer Bergkirche zu, sondern garantierte auch die Existenz eines Bergpredigers, der von der Knappschaft gewählt wurde. Da keiner anderen Bergknappschaft ein derartiges Privileg gewährt wurde, war die Bergkirche in Annaberg fortan die einzige Kirche im gesamten sächsischen Raum, die von einer Bergknappschaft betrieben und unterhalten wurde. Interessanterweise behielt die Bergkirche auch nach Einführung der Reformation ihren Namen St. Marien. Experten rätseln noch heute, ob dahinter vielleicht der Glaube an das mit Maria verbundene Bergglück stecken mag.
Im Zusammenhang mit dem Niedergang des Bergbaus in Annaberg und infolge verheerender Stadtbrände im 17. und im 18. Jahrhundert, die auch die Bergkirche nicht verschonten, ging die Bedeutung der Bergkirche immer weiter zurück. Als der Bergprediger Carl August Dietrich 1863 starb, wurde die Stelle nicht mehr besetzt. Er gilt somit als letzter Bergprediger. Ab 1880 wurde die Bergkirche nur noch sporadisch genutzt. Zwar wurde sie nach dem Zweiten Weltkrieg wieder in das „normale“ kirchliche Leben eingebunden. Doch stand sie dabei meist im Schatten der St. Annenkirche. Erst nach der Wende zog wieder lebendiges bergmännisches Leben in das seit 2005 zudem in neuem Glanz erstrahlende Gotteshaus ein.
Wer sich näher mit der Geschichte dieses interessanten Gotteshauses sowie mit den hier wirkenden Bergpredigern befassen möchte, dem sei die von B. Lahl verfasste und in der Bergkirche St. Marien erhältliche Broschüre „Die Bergkirche St. Marien in Annaberg-Buchholz“ empfohlen.

Was man sich über Wünschelrute und Bergspiegel erzählte

Wer sich mit dem mittelalterlichen Bergbau beschäftigt, kommt an einem bis in die Neuzeit umstrittenen Instrument zum Auffinden von Bodenschätzen, aber auch von Wasseradern, Schätzen, Strahlungen etc. nicht vorbei: der Wünschelrute. War doch das Wünschelrutengehen zu dieser Zeit weit verbreitet, und die Rutengeher waren nicht nur im Erzgebirge meist angesehene Leute. Im bayerischen Bad Wiessee hat man einem Rutengänger sogar ein Denkmal gesetzt. Deshalb verwundert es wohl auch kaum, dass die Wünschelrute selbst in G. Agricolas 1557 erschienenem Werk „Vom Bergwerck XII Bücher“ sowie in B. Rößlers Buch „Hell-polierter Berg-Bau-Spiegel“ aus dem Jahr 1700 eine recht ausführliche Widerspiegelung findet. Verständlich, dass bei diesem damals weit verbreiteten Glauben an die Wirkung von Wünschelruten dieselben auch in dem Sagenschatz des Erzgebirges ihren Platz gefunden haben. Im nächsten Kapitel ist dafür ein Beispiel angeführt.
Doch was ist denn nun eigentlich eine Wünschelrute, die öfters auch als Glücks- oder Zauberrute bezeichnet wurde? Nach der allgemein gängigen Auffassung handelt es sich um „gegabelte“ Zweige oder um gebogene Metall-

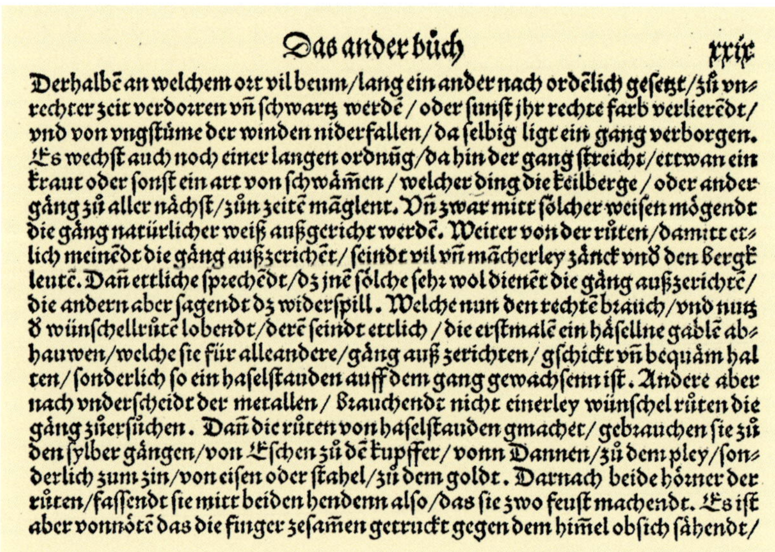
Das ander bůch xxix

Derhalbẽ an welchem ort vil beum/lang ein ander nach ordẽlich geſetzt/zů vnrechter zeit verdorren vñ ſchwartz werdẽ/oder ſunſt jhr rechte farb verlierẽdt/vnd von vngſtůme der winden niderfallen/da ſelbig ligt ein gang verborgen. Es wechſt auch noch einer langen ordnũg/da hin der gang ſtreicht/ettwan ein kraut oder ſonſt ein art von ſchwãmen/welcher ding die keilberge/oder ander gãng zů aller nãchſt/zůn zeitẽ mãglent. Vñ zwar mitt ſölcher weiſen mögendt die gãng natürlicher weiß außgericht werdẽ. Weiter von der růten/damitt etlich meinẽdt die gãng außzerichtẽ/ſeindt vil vñ mãcherley zãnck vnd den Bergkleutẽ. Dañ ettliche ſprechẽdt/dz jnẽ ſölche ſehr wol dienẽt die gãng außzerichtẽ/die andern aber ſagendt dz widerſpill. Welche nun den rechtẽ brauch/vnd nutz d wünſchellrůte lobendt/derẽ ſeindt ettlich/die erſtmalẽ ein hãſellne gablẽ abhauwen/welche ſie für alleandere/gãng auß zerichten/gſchickt vñ bequãm halten/ſonderlich ſo ein haſelſtauden auff dem gang gewachſenn iſt. Andere aber nach vnderſcheidt der metallen/brauchendt nicht einerley wünſchel růten die gãng zůerſůchen. Dañ die růten von haſelſtauden gmachet/gebrauchen ſie zů den ſylber gãngen/von Eſchen zů dẽ kupffer/vonn Dannen/zů dem pley/ſonderlich zum zin/von eiſen oder ſtahel/zů dem goldt. Darnach beide hörner der růten/faſſendt ſie mitt beiden hendenn alſo/das ſie zwo feuſt machendt. Es iſt aber vonnötẽ das die finger zeſamen getruckt gegen dem himel obſich ſãhendt/

Aus G. Agricolas Ausführungen über die Wünschelrute, 1557

Darstellung von Rutengängern bei Agricola

drähte, die in den Händen eines Rutengängers auf entsprechende Anomalien im Erdreich in der Regel durch Ausschlagen reagieren. Interessant sind in diesem Zusammenhang auch die Hinweise, wie ein für die Zubereitung von Wünschelruten geeigneter Strauch gefunden und die Rute „zubereitet“ werden musste. Schon bei der Auswahl des Holzes galt es einiges zu beachten. So schreibt beispielsweise Agricola: Für die Suche nach Silber wirke am besten eine Haselrute, für das Auffinden von Kupfererzen eine Rute aus Esche und mit einer Rute aus Tanne lasse sich am wirksamsten Blei sowie Zinn, Eisen und Gold aufspüren. Darüber hinaus war der Glaube weit verbreitet, dass besonders solche Ruten gut als Wünschelruten geeignet seien, die auf einem Gang von dem Erz gewachsen waren, nach dem mit der Rute gesucht werden sollte. Weiterhin sollte die Rute in der Johannisnacht gebrochen werden, weil ihnen dann eine besondere Kraft innewohnen würde. Zu beachten

Ein Geistlicher nimmt einem Wünschelrutengänger die Maske vom Gesicht

war weiterhin, dass die Ruten nicht mit einem Messer oder einem anderen „metallischen Instrument“ geschnitten wurden. So schreibt beispielsweise Rößler, dass die Ruten abgebrochen werden müssen, um sie „zum Gebrauch mit den Händen dienlich zu machen“. Weit verbreitet war zudem die Verwendung von Zaubersprüchen, um der Rute die gewünschte Wirkung zu verleihen. Vor allem hier setzten auch bereits im Mittelalter zahlreiche Kritiker an, zu denen auch Agricola und Rößler gehörten. So unterließ beispielsweise Agricola jegliche Wiedergabe derartiger Zaubersprüche in seinen Werken.

Aber die Kritik an der Arbeit mit Wünschelruten entzündete sich nicht nur an den Zaubersprüchen. Eine besonders drastische Formulierung findet sich in dem Werk „Churfürstlich Sächsischer gnädigst privilegirter Berg-Calender, auf das 1778. Jahr“. Hier heißt es: „ Wo der Schatten des Bergmönchs die Einfalt noch scheucht, und das betrügliche Werkzeug der Wünschelruthe unterirrdische Reichthümer weissaget, da liegt ohne Zweifel das Bergvolk noch in seinen kindischen Alter, und wartet auf die Ankunft des Verstandes“ (zitiert bei Riedel: Der Bergbau im Thesenwald).

Sicher verwundert es in diesem Zusammenhang auch kaum, dass vielerorts die Wünschelrute „verteufelt“ wurde. Und was kann diese Aussage besser untersetzen als eine zeitgenössische Darstellung aus dem Jahre 1704. Reißt doch hier ein Geistlicher einem Wünschelrutengänger die Maske vom Gesicht, hinter der die Fratze des Teufels erscheint.

Schließlich sei auch noch hervorgehoben, dass bereits im Mittelalter die Wünschelrute für manch eine Betrügerei verwendet wurde. Ein augenfälliges Beispiel dafür liefert F. W. H. v. Trebra in seinem 1770 erschienenen Buch „Erklärungen der Bergwerks-Charte von dem wichtigen Theil der Gebürge im Bergamtsrefier Marienberg“. Am konkreten Beispiel der Vorgänge um das „verschwundene Bergwerk“ im Thesenwald geht er dabei mit betrügerischen Rutengängern hart ins Gericht (vgl. dazu ebenfalls Riedel).

Trotz des jahrhundertealten Streits über die Wirkung der Wünschelrute ist ihr Gebrauch auch in der Gegenwart nicht verschwunden. Man ist fast geneigt zu sagen: im Gegenteil! Zwar ist man sich weitgehend darüber einig, dass die angenommene oder auch tatsächliche Wirkung wissenschaftlich nicht nachweisbar ist. Dennoch findet sie heutigentags vor allem beim Aufspüren von Wasseradern oder vermeintlichen Erdstrahlungen Anwendung, und positive Ergebnisse werden dann auch öffentlichkeitswirksam publiziert.

Im Gegensatz zu den Wünschelruten haben im Erzgebirge die so genannten Bergspiegel kaum eine Bedeutung erlangt. Bergspiegel waren in der Vorstellungswelt der im Mittelalter lebenden Menschen Zauberspiegel, mit deren Hilfe man in das Innere der Erde sehen und auf diese Weise Erzadern, aber auch metallische Schätze „ersehen“ konnte. Vor allem den im Gebirge umherziehenden Fremden, den Venedigern, schrieb man zu, solche Spiegel zu besitzen und mit diesen die gesuchten Dinge auffinden zu können. Hier klingt unterschwellig die Verbindung zu der Spiegelherstellung mit an, die ja lange Zeit von den Venedigern beherrscht wurde. Aber auch andere Spiegelschauer, so genannte specularii, zogen mit solchen Instrumenten durch das Land. Durch die bereits erwähnte geringere Bedeutung hat aber sowohl in der Literatur als auch im Sagenschatz des Erzgebirges der Bergspiegel kaum einen Niederschlag gefunden. Eine der somit seltenen Sagen sei jedoch auch hierzu im nächsten Kapitel mit angeführt.

Sagenhaftes von der Wünschelrute und vom Bergspiegel

Einem Bergmann mit Namen Daniel träumte, dass er in den sich am Bielberg hinziehenden dichten, undurchdringlichen Wald gehen solle. Daselbst würde ein Feuer vom Himmel fallen. Diesem solle er nachgehen und an dem so bezeichneten Ort einschlagen. Er fände dort einen Schatz, der ihn seiner Armut entheben würde.
Eilig stand der Bergmann am nächsten Morgen auf. Er rief Gott im Gebet an, ihm gnädig zu sein und den Traum zu erfüllen. Danach ging er in den Wald. Dabei sah er immer wieder sowohl auf die Erde als auch gen Himmel. Dazu sandte er ein Gebet nach dem anderen an den Herrn, ihm doch das im Traum verheißene Feuer sehen zu lassen.
Wider Vermuten zog auch alsbald ein Gewitter auf, das sich bald darauf mit Blitz und Donner entlud. Da eilte der Bergmann und suchte die Stelle, wo es eingeschlagen hatte. Als er an dem Ort war, nahm er die Wünschelrute und hielt sie fest in die Höhe. Die Rute wandt sich aber so in seiner Hand, dass er dieselbe kaum in seiner Hand halten konnte. Hierauf hat er an dieser Stelle geschürft und wirklich einen reichen Gang entdeckt. Daniel ging danach zu den Bauersleuten und erzählte ihnen von seinem Glück. Auch hat er viele von denselben in Arbeit genommen und an seinem Schatz teilhaben lassen.
Da sich nun der Ruf von diesem Fund allenthalben ausbreitete, sind zahlreiche Fremde hinzugezogen. Viele von ihnen haben auch gegen Abend, wo der Berg abfällt, noch andere reiche Gänge entdeckt. Doch sei durch die Gnade Gottes das Bergwerk zuerst an der Stelle aufgekommen, die Daniel im Traum offenbart worden ist.

Im böhmischen Erzgebirge lebte einst ein Bergherr, der ziemlich begierig und bergsüchtig war. So soll er den Müntzersberg und den Rothvogel bei Joachimsthal stark belegt und um die 500 Taler drinnen verbaut haben. Alle Tage hoffte er, dass sich das Bergglück auch ihm zeigen werde. Er ist auch selbst mit eingefahren und hat sogar die Kirche darüber versäumt. Doch ist er trotzdem nicht von der Stelle gekommen. Schließlich ließ er sich sogar die nötigen Nahrungsmittel von den Bergleuten zutragen, nur um keine unnötige Zeit für das Ein- und Ausfahren opfern zu müssen.
Als sich nun aber trotz aller Mühen nicht das geringste Anzeichen von Erz zeigen wollte, hat der Bergherr schließlich einen Kristallseher kommen lassen. Dieser betrachtete den Berg aufmerksam durch seinen Bergspiegel. Danach ließ er auch den Bergherrn in diesen Zauberspiegel schauen. Als dann am Montag darauf die Bergleute wieder anfahren wollten, sagte der Bergherr zu ihnen: „Ach, was für ein Gut liegt da im Berg! Aber es ist noch nicht reif und nicht mir beschert. Hätte ich doch den Bergspiegel eher gebraucht, so hätte ich auch meine 500 Taler noch. Aber sie sind weg, und ich habe nichts mehr für euren Lohn. Geht heim, liebe Bergleute und lasst es andere versuchen. Vielleicht haben diese mehr Glück."

Heiligenverehrung im evangelisch geprägten Erzgebirge?

Es ist schon eigenartig: Da hat die Reformation den von der katholischen Kirche betriebenen Heiligenkult gewissermaßen von ihrer Fahne gestrichen – und dann gibt es in der evangelisch geprägten Bergbaulandschaft des Erzgebirges auch in der nachreformatorischen Zeit eine augenfällige Repräsentanz von Heiligen. Vor allem entsprechende bildliche Darstellungen, Orts- und Kirchennamen sind relativ oft anzutreffen. Aber auch im Reigen der Grubennamen tauchen immer wieder die Namen von Heiligen auf. Dabei ist auffallend, dass im Erzgebirge in der Regel solcher Heiligen gedacht wird, deren Legende oder deren Attribut in einer Beziehung zum Bergbau stehen. Nun könnte man es sich ja mit einer Begründung der Heiligenverehrung relativ einfach machen und auf den Beginn des Bergbaus im Erzgebirge einerseits und den Zeitpunkt der Reformation andererseits verweisen. Unbestritten wird zudem das so oft herangezogene Beharrungsvermögen der Menschen und die tief verwurzelte Religiosität der Bergleute auch hierbei eine gewisse Bedeutung haben. Diese Problematik wäre somit hervorragend geeignet, einen religionstheoretischen und -historischen Disput zu führen. Da dies aber an dieser Stelle nicht möglich – und im Rahmen dieser Publikation auch nicht gewollt – ist, sei in diesem Zusammenhang lediglich auf die Confessio Augustana (auch bekannt als Augsburgische Konfession) verwiesen. Gehört dieses Dokument doch zu den verbindlichen Bekenntnisschriften der lutherischen Kirche und wurde bereits 1530 Kaiser Karl V. auf dem Reichstag zu Augsburg vorgetragen. In diesem Dokument findet auch diese Thematik ihren Niederschlag. So heißt es in dem Artikel 21:

Man soll der Heiligen gedenken, um dadurch seinen eigenen Glauben zu stärken. Es ist jedoch entgegen der Schrift, sie neben Jesus Christus als Vermittler und Versöhner anzurufen, weil dadurch seine Versöhnungstat durch den Kreuzestod in Frage gestellt werde.

Somit werden auch in der evangelischen Kirche Heilige als Vorbilder des christlichen Glaubens angesehen und haben einen würdigen Platz im religiösen Leben. Ihre Anerkennung ist somit zugleich Teil einer richtig verstandenen Traditionspflege bergmännischen Lebens. Eingedenk der in den Vorbemerkungen formulierten Zielstellung erfolgt nachstehend jedoch lediglich eine informative Zusammenstellung der im Erzgebirge bekannten Bergbauheiligen. Dabei wird – auch um eine Diskussion über den Stellenwert der jeweiligen Heiligen zu vermeiden – die Reihung nach dem Alphabet vorgenommen.

„Anna selbtritt“ – an einem Haus in Freiberg

St. Anna

Anna ist bekanntlich die Mutter von Maria, die wiederum Jesus geboren hat. Nun galt als mittelalterliches Symbol von Maria der Mond (Synonym für Silber) und als das von Jesus die Sonne (Synonym für Gold). Das Metallsymbol von Anna selbst war Zinn. Somit sah der Bergmann in dieser genealogischen Reihe zugleich eine zunehmende Veredlung der Metalle. Im übertragenen Sinn versinnbildlicht der Schoß der heiligen Anna demzufolge gewissermaßen ein Bergwerk, aus dem die edlen Metalle hervorgehen. In diesem Sinne widerspiegelt auch die im Erzgebirge verbreitete Darstellung der „Anna selbdritt", d.h. Anna mit Tochter und Enkelkind, diese Glaubensvorstellung.
Insbesondere seit sich Kurfürst Friedrich und Herzog Georg von Sachsen um die Wende vom 15. zum 16. Jahrhundert verstärkt um die Heilige bemühten, nahm die Verehrung von Anna im Erzgebirge stark zu. Äußerer Ausdruck ist beispielsweise die 1501 erfolgte Umbenennung der nach den Silberfunden am Schreckenberg 1496 gegründeten Neustadt am Schreckenberg in Annaberg. Auch der Bau und die Weihe der weit über den regionalen Rahmen hinaus bedeutenden St. Annenkirche in der gleichen Stadt – bekanntlich die größte spätgotische Hallenkirche Sachsens – kann dafür als Beispiel herangezogen werden. Deutlicher Ausdruck der Verehrung der heiligen Anna durch die Bergleute ist schließlich auch das Wappen von Annaberg selbst. Tragen doch hier zwei Bergleute über Schlägel und Eisen Anna – dargestellt als Anna selbtritt – auf ihrem Thron.

Ehrentag: 26. Juli

St. Barbara

St. Barbara gehört zu den Heiligen, die vor allem in den Bergbauregionen außerhalb des Erzgebirges auch heute noch eine große Verehrung erfahren. Zwar lässt sich die Verehrung Barbaras in früheren Zeiten ebenfalls für das Erzgebirge nachweisen. Beispiele dafür sind u.a. Namen für die in dieser Zeit aufgekommenen Gruben. Infolge der besonders durch den Kurfürsten Friedrich und den Herzog Georg von Sachsen geförderten Verehrung von Anna wurde Barbara jedoch zurückgedrängt. Erhalten hat sich jedoch bis heute der Brauch, an dem Ehrentag von St. Barbara Kirschzweige zu schneiden. Ins Wasser gestellt, treiben diese sodann bis Weihnachten Blüten. Man sagt, dass die Zweige ein um so größeres Glück für Mensch, Haus und Vieh verheißen, je üppiger die Blütenpracht ausfällt.

Heilige Barbara – geschnitzt und gestiftet von Prof. em. Hans Jendersie, Professor für Bergbau-Tiefbau an der Bergakademie Freiberg

Barbara war zu Lebzeiten die Tochter des reichen Dioseuros aus Nikodemien und lebte im 3. Jahrhundert. Von ihrem Vater wurde sie in einen Turm geworfen, weil sie sich gegen die Verheiratung mit einem von diesen für sie ausgesuchten Mann wehrte. In dieser Zeit weihte sie ihr Leben Christus. Als ihr schließlich die Flucht aus dem Turm gelang, begann sofort die Verfolgung. Dabei kam Barbara in höchster Not an einen Felsen, der sich vor ihr auftat und ihr Schutz gewährte. Durch den Verrat eines Hirten wurde sie aber schließlich doch wieder gefasst und grausam gefoltert. Da sie jedoch auch dadurch nicht von ihrem Glauben abließ, schlug ihr der Vater (um das Jahr 306 nach Chr.) eigenhändig den Kopf ab.
Die Erhebung von Barbara zur Schutzheiligen der Bergleute steht in enger Verbindung zu dem geöffneten Berg, der ihr Schutz und Hilfe bot. Und mit dem Gruß „Glück auf!" bitten ja zudem die Bergleute auch heute noch neben einer glücklichen Ausfahrt darum, dass sich der Berg auftuen und das Erz freigeben möge. Aber auch das allgemeine Patronat Barbaras im Zusammenhang mit einem plötzlichen Tod, dem der Bergmann in seinem gefahrvollen Beruf ja ständig ausgesetzt ist, spielt hierbei eine bedeutende Rolle. Durch ihre Anrufung in dieser höchsten Not soll zugleich die dadurch nicht mehr mögliche Buße vergeben sein. St. Barbara gehört übrigens zu den 14 Nothelfern, über die an späterer Stelle gesondert berichtet wird.

Ehrentag: 4. Dezember
Attribut: Turm mit drei Fenstern
(Letzteres als Symbol der Heiligen Dreifaltigkeit)

St. Christophorus

Wird über die von den Bergleuten im Erzgebirge verehrten Heiligen gesprochen, darf auch der ebenfalls zu den 14 Nothelfern gehörende St. Christophorus nicht fehlen. Der Überlieferung nach soll er, ein Hüne von Gestalt, Pilger über einen auf deren Weg liegenden Fluss getragen haben. Als er dabei aber einmal einem Kind half, wurde dies immer schwerer, so dass er kaum das andere Ufer erreichte. In Gestalt dieses Kindes soll dem Christophorus Christus selbst erschienen sein. Von diesem Ereignis leitet sich auch der Name des Heiligen ab, der übersetzt nichts anderes als Christusträger bedeutet. Ansonsten ist über sein Leben und Wirken wenig auf die heutige Zeit überkommen. Christophorus soll schließlich der unter Decius betriebenen Christenverfolgung zum Opfer gefallen sein.

Daniel – aus der Schneeberger St. Wolfgangskirche – geschnitzt von B. Sparmann und gestiftet von W. Unger

Katharina selbst soll der Legende nach eine anmutige und gelehrte, um 300 n. Chr. in Alexandria lebende Königstochter gewesen sein. Man sagt, dass 50 heidnische Gelehrte aufgeboten worden waren, um sie von ihrem christlichen Glauben abzubringen. Doch stattdessen gelang es ihr, die Männer zu bekehren, die daraufhin durch den Kaiser zum Tod auf dem Scheiterhaufen verdammt wurden. Auch Katharina selbst wurde danach grausam gefoltert. Als sie durch ein mit Nägeln und Messern bestücktes Rad hingerichtet werden sollte, fielen auf ihr Gebet hin Blitz und Donner vom Himmel und zerstörten das Rad. Schließlich wurde sie mit dem Schwert hingerichtet.

Ehrentag: 25. November
Attribute: zerbrochenes Rad, Schwert

St. Wolfgang

St. Wolfgang dürfte im Erzgebirge wohl auch heutigentags noch zu den bekanntesten der mit dem Bergbau verbundenen Heiligen gehören. Ist doch nicht nur der in Schneeberg befindliche „Bergmannsdom" diesem Heiligen geweiht, sondern auch auf dem bedeutenden, von Hans Hesse gemalten Bergmannsaltar in der Annaberger St. Annenkirche hat er seinen Platz gefunden. Wolfgang wurde um das Jahr 924 geboren. Äußerlich war sein Leben geprägt durch die Tätigkeit als Lehrer sowie das Wirken als Einsiedler, Priester und Bischof. In zahlreichen Legenden ist sein heilsamer Einfluss auf die Menschheit und insbesondere seine, das Böse abwendende Wirksamkeit festgehalten und überliefert worden. Auch seine Hilfsbereitschaft Armen gegenüber ist schon fast sprichwörtlich.
St. Wolfgang starb am 31. Oktober 994 im österreichischen Pupping.
Die Verbindung des Heiligen zum Bergbau soll der Legende nach daher rühren, dass er einst am Arbersee, dem später nach ihm benannten Wolfgangsee, sein Beil vom Berg ins Tal warf. An der Stelle, wo es niederfiel, wollte er

Schneeberg, St. Wolfgangskirche

seine Zelle errichten. Ähnliche Beilwürfe sind nicht nur von den Germanen bei der Besitzergreifung von Grund und Boden üblich, sondern spielten zuweilen auch bei der Vermessung der Größe einer Fundgrube eine Rolle. Eine weitere Verbindung findet sich bei Marie Andree-Eysn. In ihrem 1910 erschienenen Buch „Volkskundliches aus dem Bayrisch-österreichischen Alpengebiet" ist zu lesen, dass Wolfgang einst über Fasten und Beten das Chorgebet verschlafen hatte. Aus Buße schlug er Hände und Füße gegen den Fels, „aber ein gütiger Gott ließ den Stein wider seine Natur und Eigenschaft so weich werden als ein Lehm oder Letten, dessen noch die sichtigen Wahrzeichen vorhanden ..."

Ehrentag: 31. Oktober

Attribute: Beil oder Barte, Bischofsstab, teilweise Kirchenmodell sowie Wolf

Die Vierzehn Nothelfer

Abschließend nur noch eine kurze Anmerkung zu den Vierzehn Nothelfern. Haben sie doch – im Gegensatz zu dem böhmischen Teil des Erzgebirges und den zu dieser Gruppe gehörenden Heiligen St. Barbara, St. Katharina und St. Christophorus – in ihrer Gesamtheit in der sächsischen Bergbauregion keine herausragende Bedeutung. Man versteht unter den Vierzehn Nothelfern 14 Heilige, die zum überwiegenden Teil in der Zeit zwischen dem 2. und dem 4. Jahrhundert n. Chr. lebten und vor ihrem Tod Gott gebeten haben sollen, demjenigen Hilfe zu gewähren, der ihn in ihrem Namen darum bittet.

Über die Anfangszeit der Freiberger Bergakademie

Aus den Kursächsischen Streifzügen von O. E. Schmidt

Die im Jahre 1761 eingesetzte Restaurationskommission, die das Land von den schweren Schäden des Krieges heilen sollte, richtete von Anfang an ihr Augenmerk auch auf die Hebung des arg heruntergekommenen Bergbaus. Bei einem Besuch, den der junge Kurfürst und der Administrator Prinz Xaver im November 1765 in Freiberg abstatteten, kam alles das zur Sprache, und der General-Berg-Kommissar Friedrich Anton von Heynitz, der spätere preußische Minister, und der Oberberghauptmann Friedrich Wilhelm von Oppel baten um Bewilligung der Mittel, in Freiberg eine Bergakademie zu errichten, die ein wissenschaftliches Studium der künftigen Oberbeamten ermöglichen sollte. Der Wunsch fand Gehör, und zu Ostern 1766 trat die Bergakademie ins Leben, die älteste technische Hochschule auf der ganzen Erde. Obgleich die Mittel anfangs sehr bescheiden waren – der erste Jahresbedarf betrug 1200 Taler – und die Akademie zunächst eine Fachschule, keine Universität war, so fand sie doch bald weithin Beachtung. Denn das Bedürfnis nach einer Hochschule für den Bergbau wurde auch außerhalb Sachsens empfunden, sodann aber erschien Freiberg für diesen Zweck durch seine ganze Vergangenheit vorher bestimmt zu sein. Glücklicherweise fand sich dort auch eine Anzahl außergewöhnlich tüchtiger Männer zusammen. Da war der Oberhüttenverwalter Christlieb Ehregott Gellert, ein Bruder des Dichters, als Lehrer für metallurgische Chemie und Probierkunde, Wilhelm von Charpentier für Mathematik, Maschinenlehre und Markscheidekunst, vor allem aber Abraham Gottlob Werner, der Begründer der neuzeitlichen Mineralogie und Geognosie. Geboren 1750 zu Wehrau in der Oberlausitz, entstammte er einer alten sächsischen Familie, die seit 250 Jahren in Eisenhütten und Hammerwerken tätig gewesen war. Mehr praktisch als theoretisch vorbereitet, kam er 1769 auf die Freiberger Akademie. Immer bemüht, seine Gesamtbildung auf eine höhere Stufe zu heben, trieb er neben den bergmännischen Fächern Sprach- und Literaturstudien, ging deshalb 1771 nach Leipzig, schrieb dort sein Erstlingswerk „Über die äußeren Kennzeichen der Fossilien“ und wurde 1775 durch den Einfluß des Berghauptmanns Pabst von Ohain als Inspektor und Lehrer der Mineralogie an die Akademie berufen. Schon nach wenigen Jahren galt Werner als ihr Stern. 1782–1783 war der Neffe des preußischen Ministers von Heynitz, der Reichsfreiherr vom Stein, der bereits preußischer Oberbergrat war, einer der vertrauten Schüler Werners. Stein hat sich in Freiberg und auf Reisen

durch die sächsischen Bergreviere, deren Risse er sich zu verschaffen wußte, den größten Teil der Kenntnisse vom Bergbau und den verwandten Zweigen der Volkswirtschaft erworben, die er seit 1784 als Direktor der westfälischen Bergwerke und seit 1787 als Kammerdirektor an den Tag legte.
Aber nicht nur um sich derartige praktische Kenntnisse und Fähigkeiten zu erwerben, ging man nach Freiberg, sondern aus anderen, tiefer liegenden Gründen. Damals bahnte sich ein durchgreifender Wandel im deutschen Geistesleben an, der die aufstrebenden Seelen geradezu nach Freiberg hindrängte und dieser Stadt auf ein Menschenalter einen Glanz verlieh, der die Landesuniversität Leipzig weit überstrahlte. Ich möchte das besonders betonen, weil der Zusammenhang, der zwischen der damals aufkommenden deutschen Romantik und der dritten Blütezeit Freibergs besteht, bisher meist übersehen worden ist, auch in der offiziellen Literatur, die im Jahre 1916 beim 150jährigen Jubiläum der Akademie erschien.

Der Pferdegöpel – eine typische Erscheinung im erzgebirgischen Bergbau

Zu den interessanten montanhistorischen Schätzen des Erzgebirges gehören zweifelsohne die immer wieder einen besonderen Reiz auf die Besucher ausübenden Pferdegöpel. Zwar sind die heute zu besichtigenden und weithin bekannten Göpel auf dem Rudolphschacht in Lauta (einem Ortsteil von Marienberg) und auf der Neu Leipziger Glück Fundgrube in Johanngeorgenstadt „nur“ Nachbildungen der 1838 (Lauta) bzw. 1797/98 (Johanngeorgenstadt) errichteten Originale, aber nichtsdestoweniger ein beeindruckendes Zeugnis der Schöpferkraft und des Könnens der dem Bergbau verbundenen Erzgebirgler. Ein Besuch derselben sollte deshalb auch unbedingt zu einer Erkundungsreise durch das Erzgebirge dazugehören und – wenn zeitlich möglich – mit einer Führung verbunden werden. Die Schauvorführungen mit Pferdebetrieb stellen dabei einen absoluten Höhepunkt dar. Die erforderlichen Informationen sind unter www.pferdegoepel.de (für Johanngeorgenstadt) und www.marienberg.de/pferdegoepel.htm (für Lauta) abrufbar.
Seine wohl größte Bedeutung hatte der Göpel im mittelalterlichen Bergbau, als mit zunehmender Tiefe der Schächte weder die Erzförderung noch die Wasserhebung mit der vordem vorherrschenden Handhaspel bewältigt wer-

den konnten. Aus dieser Situation heraus wurde eine Lösung gefunden, die auch heute noch den Besuchern Achtung vor dem Ideenreichtum und den Leistungen unserer Vorfahren abringt. Dabei verwundert es sicherlich wohl auch kaum, dass die Pferdegöpel damals eine heute kaum vorstellbare Verbreitung gefunden hatten. So schreibt beispielsweise Bleyl, dass im Jahr 1792 bei Freiberg allein 20 Göpel standen und „auf dem Schneeberg“ 39 dergleichen Gebäude gezählt wurden. Zudem ist überliefert, dass beispielsweise mit Hilfe des Göpels der Neu Leipziger Glück Fundgrube in Johanngeorgenstadt pro Schicht 32 Tonnen aus 140 m Tiefe gefördert werden konnten. Kein Wunder also, dass selbst Agricola dem Göpel einen entsprechenden Raum in seinem Hauptwerk einräumt. Zudem wurden die im Bergbau beim Bau und beim Betrieb von Göpelwerken gewonnenen Erfahrungen auch in anderen Bereichen genutzt. Ein typisches Beispiel dafür ist die Wasserhebung im Schlosshof von Augustusburg.
Doch was ist nun eigentlich unter einem Göpel zu verstehen? Ganz allgemein handelt es sich laut Lexikon um eine mechanische Vorrichtung zur Nutzung menschlicher oder tierischer Muskelkraft für einen Antrieb. Zu den typischen Merkmalen eines im Bergbau eingesetzten Göpels gehören der zelt- oder pyramidenförmige Göpelstuhl – in dem übrigens viele Experten die Urform der heute in der Weihnachtszeit so beliebten Pyramide sehen –

Göpelwerk am Schlossbrunnen der Augustusburg auf einer historischen Ansichtskarte

Der 1921 restaurierte Pferdegöpel bei Johanngeorgenstadt auf einer historischen Ansichtskarte

und dem über den Schacht stehenden Treibehaus. Über Aufbau und Funktion informiert Bleyl in einer Arbeit über den auf Betreiben des Landesvereins Sächsischer Heimatschutz 1921 restaurierten Johanngeorgenstädter Göpels, die nachstehend auszugsweise wiedergegeben wird.

„... Die senkrecht aufzustellende starke Göpelwelle verlangte zunächst ein Standgerüst, den Göpelstuhl. Um ihn gegen Erdfeuchtigkeit zu schützen, wurde meist ein starker, im Grundriß kreisrunder Bruchsteinsockel bis etwa einen halben Meter über Erdboden aufgemauert, dessen Oberfläche häufig, um den nach außen gehenden Druck des Göpelstuhls abzufangen, nach innen abgeschrägt war. Dieser Sockel trug kurze Fußschwellen, die nach dem Kreismittelpunkt zu ausgerichtet waren und die Füße zeltstangenartig aufgestellter starker Binder, der Hauptspießbäume, aufnahmen.

Oben an der Spitze dieses zeltförmigen Stuhls wurden die Spießbäume in einen kurzen, dicken, runden Klotz eingelassen, der sie zusammenhielt und treffend witzig, aber bissig ‚Mönch' getauft wurde.

Gegen ein Auseinanderrutschen der Spießbäume zog man zur Herstellung eines Dreieckverbandes in etwa zehn bis zwölf Meter Höhe Zangenkreuze ein und ergänzte dann den Stuhl durch eine größere Anzahl von Zwischensparren zu einer kegelartigen Form.

Jetzt erfolgte die Aufrichtung der Göpelwelle. Sie war an Kopf und Fuß durch eiserne Bänder verstärkt und hatte an beiden Enden eiserne Zapfen. Diese liefen in Eisenschuhen, deren unterer unverschiebbar in einer gemauerten Steingrube des Fußbodens eingelassen war, während als Auflage des oberen, abnehmbaren, gleich die Spießbaum-Zangenkreuze benutzt wurden.
Als Deichseln für die anzuspannenden Treibepferde dienten nun die Arme eines am unteren Teile der Welle zangenartig befestigten Schwenkbaumkreuzes. Jeder Schwenkbaum bestand aus zwei durch gut verkeilte und verbolzte Hölzer ausgefütterten Zangen. Die Schwenkbaumarme waren gegen Durchbiegen sowohl in waagrechter Lage, als auch gegen die Welle nach oben und unten, gut verstrebt.
Die Enden zweier einander gegenüberliegenden Schwenkbaumarme trugen senkrecht herabhängende Wendedocken zum Anspannen der Zugpferde und einen Sitzbock für den Treibefuhrmann.
Zur Aufnahme des Förderseils war nun am oberen Ende der Welle, durch Zangenpaare und Streben gut befestigt, eine starke, aus senkrecht stehenden Stöcken bestehende, große, runde Seiltrommel angebracht. Auf diese Seiltrommel oder den Seilkorb, wie man auch sagte, war nun, ähnlich wie bei der Haspelwelle, das Förderseil oder Trum aufgewickelt, dessen beide Enden in flach ansteigender Leitung, der ‚Seiltrift', über zwei die Seilschwingungen aufnehmenden Rollen nach den Seilscheiben geführt wurden, die über der Schachtöffnung lagen und das Seil aus der waagerechten Richtung in die senkrechte, abwärts in den Schacht, umleiteten.
Diese Seilscheiben und die Seiltriftrollen lagen auf von Böcken getragenen Stegbäumen. An den beiden Seilenden hingen die Tonnen, die eine oben, die andere unten im Schacht.
Beim ‚Treiben' nun fuhr der Fuhrmann mit zwei oder vier Pferden solange in einer Richtung im Kreise herum, bis die unten im Schacht gefüllte Tonne herauf und die leere Tonne hinabgefahren war. Nun hielt er an und ließ gleichzeitig einen an der Wendedocke befestigten eisernen Stab hinter sich auf den Fußboden aufsetzen, um die etwa noch durch die Wendung des Göpels eintretenden Stöße von den Pferden abzuhalten.
Während der Inhalt der heraufgetriebenen Tonne in die Hunte gestürzt und die unten im Schacht befindliche neu mit Erz gefüllt wurde, wendete der Fuhrmann und fuhr dann auf ein gegebenes Zeichen in entgegengesetzter Richtung herum. Dieser Vorgang wiederholte sich die ganze Schicht hindurch.
Da sich nun Fuhrmann und Pferde ohne Gefahr unter der Trommel und der Seiltrift bewegen können mußten, auch für das Ausstürzen der Tonnen eine

angemessene Höhe über dem Schachtkranz bedingt war und eine gewisse Sicherheit gegen ein Übertreiben vorhanden sein mußte, so ergab sich aus alledem die Höhe der Seiltrift.
Aus der Vereinigung dieser technischen Betriebserfordernisse und Vorgänge mit der Notwendigkeit, das Werk und die darin schaffenden Menschen und Tiere vor Wind und Wetter zu schützen, bildeten nun die Bergleute mit ihren Bergmaurern und vor allem Zimmerlingen folgerichtig und selbstverständlich die äußere Gestalt der Pferdegöpel.
Der ganze Göpelwellenstuhl wurde gewissermaßen gleich als Dachstuhl verwendet. Man belattete ihn und deckte ihn mit großen Schindeln ein, so daß eben dieser eigentümliche, kegelförmige, zeltartige Bau entstand, die sogenannte ‚Rennbahn'.
An sie setzte sich als Schutzbau der Seiltrift und der Schachtöffnung ein rechteckiger Bauteil, die ‚Kaue' an, mit bruchstein- oder holzverkleideten Fachwerkwänden und schindelgedecktem Satteldach.
Durch ein vorgebautes Türhäuschen gelangt man in das Innere der Rennbahn, die durch aufgesetzte Fledermausluken oder Gaupen Licht erhielt.
Auch die Kaue besaß einen Zugang und Fenster. Auf ihrem Firste saß zum Abzug der aus dem Schacht aufsteigenden Schwaden ein Lüftungstürmchen, das schon bald eine Bergglocke zum Einläuten des Schichtwechsels aufgenommen haben wird ..."
Abschließend sei noch erwähnt, dass dieser 1921 restaurierte Johanngeorgenstädter Pferdegöpel 1948 durch die Wismut abgerissen und das heute zu besichtigende Denkmal für die Schöpferkraft der Bergleute und der Bergbaugeschichte nach der Wiedervereinigung erneut aufgebaut wurde. Am 30. Oktober 1993 konnte es wieder der Öffentlichkeit übergeben werden.

Unterirdische Gänge – Sage und Wirklichkeit

Glaubt man der Überlieferung, müssen zur Zeit des Mittelalters – besonders auch im Erzgebirge und in seinem Vorland – relativ viele unterirdische Gänge angelegt worden sein. Finden sich doch in den meisten der Sagensammlungen entsprechende Verbindungen zwischen Burgen, aber auch zwischen Burgen und Klöstern bzw. Kirchen etc. So soll es – um nur ein Beispiel zu nennen – einen Gang von dem Chemnitzer Bergkloster, dem heutigen Schloss Chemnitz, zur Burg Rabenstein gegeben haben. Diesen haben der Sage nach die Äbte des Klosters benutzt, wenn sie sich in Rabenstein erholen wollten. Vor allem soll der Abt Ortwin Schindelbach oft durch diesen gegangen sein, um mit der schönen Schäferstochter Elsbeth in Rabenstein ein Schäferstündchen abzuhalten.

Nun würde man es sich sicher zu einfach machen, wenn man all diese Sagen und Überlieferungen generell als Phantastereien abstempelte. Zwar kann es derartig lange unterirdische Gänge wie beispielsweise den oben genannten oder die von Augustusburg nach Lichtenwalde bzw. von Wechselburg nach Rochlitz führenden mit Sicherheit nie gegeben haben. Muss man sich doch vorstellen, dass zu der Zeit, als die meisten dieser Sagen entstanden sind, ein Bergmann durch den Gebrauch von Schlägel und Eisen einen jährlichen Vortrieb von etwa zwei Lachter (Lachter = vor Einführung des metrischen Systems gebräuchliches, nach Regionen unterschiedlich langes deutsches Bergmaß; in Sachsen: 1 Lachter = 2 Meter) schaffte. Somit waren bereits von dieser Seite her dem Bau von derartig langen Gängen Grenzen gesetzt. Erschwerend kommt hinzu, dass bei dem angenommenen Verlauf oftmals Wasserläufe gekreuzt werden mussten. Darüber hinaus war es zur damaligen Zeit so gut wie unmöglich, derart lange Strecken zu bewettern (d.h. zu belüften), zu entwässern etc.

Nimmt man sich jedoch einmal die Zeit, um sich mit den Sagen über die unterirdischen Gänge näher zu befassen, wird man oftmals auf mit diesen verbundene, interessante Aspekte der regionalgeschichtlichen Entwicklung stoßen. Dazu zählt u.a., dass viele dieser Sagen ihren Ursprung in mittelalterlichen Kelleranlagen, in alten Bergwerksstolln etc. haben, an die sich nach ihrer Aufgabe niemand mehr erinnerte. Zufällig in späteren Zeiten darauf gestoßen, wurden sie dann von unseren Vorfahren in ihren Erzählungen vielfach als unterirdische Gänge gedeutet und in ihrer Sagenwelt entsprechend ausgeschmückt. So vermuten beispielsweise Experten den Ursprung für die bereits erwähnte sagenhafte unterirdische Verbindung zwischen dem Chemnitzer Bergkloster und der Burg Rabenstein in einem alten, aufgelassenen Kalkbruchstolln. Die Sage über einen unterirdischen Gang vom Taurastein in Burgstädt nach Taura verdankt mit Sicherheit ihren Ursprung der Tatsache, dass sich in dem Haus an dem Endpunkt des Ganges in Taura früher eine Brauerei befand, die zum Lagern des Bieres umfangreiche Kelleranlagen benötigte. Aber auch das vermeintliche – oder tatsächliche –, nicht den Ordensregeln entsprechende Leben und Treiben in den Klöstern hat nicht nur ihre Widerspiegelung

in den Sagen schlechthin gefunden, sondern ebenfalls zu Sagen über unterirdische Verbindungen zwischen Mönchs- und Nonnenklöstern geführt.
Viel könnte nun über dieses interessante Thema noch geschrieben werden. Aber vielleicht genügen diese Zeilen, um den einen oder den anderen Leser dazu anzuregen, selbst einmal nach den möglichen Ursprüngen dieser Sagen und nach entsprechenden Zusammenhängen zu suchen.

Aus dem Leben des Bergvolkes

Eine Erzählung aus alten Zeiten
Aus: Die Fundgrube Vater Abraham von Elfried von Taura

Die Bergleute des Reviers hatten Lohntag. Die Auslohnung war vorbei, und das muntere Bergvolk stand in Gruppen längs der Rathhausseite des großen Marktplatzes oder schlenderte durch die zwei Budenreihen des Krammarktes. Denn seit undenklichen Zeiten war in der freien Bergstadt (Marienberg – D.W.) dafür gesorgt, daß die Bergleute, deren viele stundenweit herkamen, sich eines Theiles der schwergewonnenen Groschen auf leichte Art wieder entäußern konnten. Und wie man Fischreußen vor die Abflußöffnungen der Gewässer legt, so baute man die Buden gerade in die Verlängerung der Gasse, in welcher das Berg- und Zehntenamt lag. Da mußten selbst diejenigen hindurch, welche Lust hatten, einen Theil ihres Lohnes in der Sparkasse niederzulegen, die seit einem Jahrzehnt bestand, so daß gar manches für die Sparkasse bestimmte Silberfischlein dort hängen blieb. Das konnte freilich nur von dem unbeweibten Bergvolke gelten, denn der beweibte und dann sicher auch mit Kindern gesegnete Knappe konnte höchstens mit Hilfe eines Heckethalers (Der Sage nach ein Taler, der durch Zauberkraft immer wieder zu seinem Besitzer zurückkehrt – D.W.) sich an der Sparkasse betheiligen. Gönnt der sich doch nicht einmal ein billiges Frühstück in der Garküche, aus welcher es so bratenhaft duftet – an das gegenüberliegende „süße Löchel", die Conditorei, ist gar nicht zu denken – sondern er verzehrt höchstens in den Brodbänken ein „Dreierstöllchen" mit einer halben Knackwurst, nachdem er die andere Hälfte mit einem zweiten Stöllchen für seine „Alte", vorausgesetzt, daß sie noch jung ist, im Kittel geborgen.
Von jungen Burschen sah man in den Brodbänken höchstens den Bergner Ferdinand vom Vater Abraham. Heute war er Da. Ein hochgewachsener, blon-

der, frischer Gesell, mit intelligenten Zügen. Der leinene Kittel kohlschwarz, Fahrleder und Gürtel schön lackiert, auch das Schuhwerk blank gewichst. Unter der Bänkenthür stand er und blickte mit seinen hellen blauen Augen nach der gegenüberliegenden Conditorei, aber wohl eher nach dem lockigen Kopf einer Dame, die dort an einem Fenster an der Seite eines Bergherrn stand, als nach den gaumenkitzelnden Dingen des Schaufensters. Dicht neben den Brodbänken befand sich der Laden eines Gelbgießers, an welchem sich die Gewölbe eines Tuchmachers und eines Zinngießers reihten. Diesen drei Geschäftsleuten schien der Lohntag keine Waizenblüthe zu sein; standen sie doch schon seit einer halben Stunde vor dem Gelbgießerladen und klagten über den flauen Geschäftsgang ...

... Als Ferdinand später an das Gewölbe des Gelbgießers kam, hielt dieser ihn auf und nöthigte ihn hinein ... „Also Er ist hier auf der Bergschule – sagte Er nicht?" „Ich wohne bei meiner Mutter in Pobersdorf und fahre auf dem Vater Abraham an, besuche aber die Bergschule seit zwei Jahren." „Und da kommt Er alle Tage anderthalb Stunden weit herein in die Stunden? Das macht jeden Tag drei Stunden Wegs um eine Stunde Unterricht!" „Was kann es helfen!" erwiderte Ferdinand; in der Stadt ist theuer leben, dazu reicht der Häuerlohn nicht aus." „Und von der Grube wohnt Er auch eine Stunde entfernt; da hat Er täglich einen Marsch von 5 Stunden zu machen. Dazu kommt die saure Grubenschicht von 8 Stunden, das thut 13 Stunden täglich, mit der Schule 14 – da bleibt Ihm ja gar keine Zeit zu einem Nebenwerk!" „Freilich nicht; – nun, ich richte mich mit meiner Mutter ein, und da wir eine eigne Herberge haben und eine Kuh im Stall, so kommen wir schon aus. Freilich, der Fleischtopf steht bei uns immer weit vom Feuer, aber dafür hat's uns noch kein Jahr an den lieben Kartoffeln gefehlt. Uebrigens leb' ich mit meinen Kameraden der guten Hoffnung, daß unsere Herren Gewerken uns bald auch zu ein wenig Fleisch helfen werden, da der Vater Abraham neuerdings so höf(f)lich geworden.

„Höf(f)lich?" versetzte Meister Mickley; – „es geht wahrlich an mit der Höf(f)-lichkeit. Es ist wahr, es hat in den letzten Quartalen einige Ausbeute gesetzt, aber, lieber Freund, Er bedenkt wohl nicht, daß wir Gewerken viele Jahre nicht einen Heller von unseren Kuxen gehabt; ja gar einmal Zubuß gezahlt haben." „Aber die ist doch gewiß längst reichlich wieder erstattet, und nach meiner Ansicht muß es in der letzten Zeit eine ansehnliche Ausbeute gesetzt haben. ...

Bergreihen

von Manfred Blechschmidt

Es gibt keinen anderen Berufsstand, der eine so traditionsreiche Eigenkultur entwickelte, wie der des Bergmanns. Hier verwachsen Bergarbeit und Singen zur untrennbaren Einheit. Das ist schon im 15. und 16. Jahrhundert erkennbar, also inmitten der Feudalverhältnisse. Vornehmlich hat das seine Ursachen in dem betont kollektiven Charakter der Bergarbeit aus der sich der Gemeinschaftssinn prägte.

Die Bergarbeit brachte gleiche soziale Stellungen und Interessen hervor. Das schaffte zwangsläufig auch Voraussetzungen zu gemeinschaftlichem Anliegen und Handlungen. Nur so ist es erklärlich, dass z. B. 1494 und 1496 die Schneeberger Bergknappen und 1524 die Joachimsthaler (heute: Jáchymov, ČR) in den Lohnstreik treten konnten.

Die Bergreihen waren Gesänge der Bergleute, die sie selbst, oft aus der Situation heraus, dichteten und entweder unter der Begleitung einfacher Instrumente oder im Wechselgesang zwischen zwei Bergleuten vortrugen. Viele dieser bescheidenen Lieder sind unauffällig entstanden und oft auch wieder vergessen worden, ohne dass sie jemand aufgeschrieben hätte, denn die meisten Schlägelgesellen konnten weder Schreiben noch Lesen. Nur dort, wo sich Grubenbeamte oder schreibkundige Gewerken der Niederschrift unterzogen, blieben sie erhalten. Doch, und das hat die vorhanden gewesene Vielfalt wesentlich eingeschränkt, erfolgte dabei eine wesentliche Sichtung und Auswahl. Es mögen die wenigsten sozialkritischen oder anderweitig progressiven Bergreihen diesen „Läuterungsprozess“ überdauert haben und in der ursprünglichen Form erhalten geblieben sein.

So war z. B. der Bergreihen „Johannes im Korbe“, ein Pfaffenspottlied, 1510 und 1511, das Fanal zu blutigen Aufständen der sächsischen Erzbergleute in Freiberg, Annaberg, Meißen und Chemnitz. In Schneeberg habe man die Bergleute desto freier singen hören, „weil hier selbst kein Kloster gewesen“. Und in Annaberg mussten die Aufstände des Liedes wegen, von Bewaffneten niedergeschlagen werden.

„Reihen“ bedeutet im Mittelhochdeutsch „im Freien aufgeführter Tanz“. Es war meist ein Chortanz mit ungestümen Bewegungen. Da Tanz und Gesang als Einheit gesehen wurden, gebrauchte man den Begriff „Reihen“ doppelsinnig, einmal für Tanz, das andere Mal für Lied oder Gesang. So sind also Bergreihen im ursprünglichen Sinne die zum Tanz der Bergleute gesungenen Lieder. Bergmännisches Tanzbrauchtum ist in vielen Bergbaulandschaften

Drei Bergsänger nach einem Kupferstich von 1681

belegt, auch im Erzgebirge. Noch heute wird im Erzgebirge ein Mädchen zum „Raa“ geführt, dann, wenn es der Tänzer aufführt. Auch im Kinderlied „Ringel, Ringel, Reihen ...“ wird das erkennbar. Müllerfraureuth erklärt dazu: „Der beim ersten Tanz zuerst eine Tänzerin Auffordernde trat mit ihr an und hieß der Vorreihn, er sagte zu dem andern: ‚Du tanzt mir nach‘, dieser muss beim nächsten Tanz den Vorreihn machen.“

Als um 1530 der Begriff „Bergreihen“ in der Literatur aufkam, hatte er seinen ursprünglichen Sinn längst verloren, so bemerkt Heilfurth: „In der bergmännischen Umgangssprache wurde das Kompositium seitdem als Benennung für volksläufiges Lied verwendet, wobei der berufsständige Charakter vom Bestimmungswort her betont blieb, bis es gegen Ausgang des 18. Jahrhunderts aus dem lebendigen Gebrauch verschwand ...“ Ähnlich äußert sich Böckel: „Der Begriff Bergmannslied (Bergreihen) ward deshalb im 16. Jahrhundert gleichbedeutend mit Volkslied, und Sammlungen von Volksliedern erschienen wiederholt in dieser Zeit unter dem Titel ‚Bergreiyen‘.

Die Bergreihen kamen vom Erzgebirge aus unter das Bergvolk ganz Europas. Zumindest ist sicher, dass der Zwickauer Wolfgang Meierspeck 1531 die erste Sammlung mit Bergreihen druckte. Und so verkündet er im Nachwort der 2. Auflage von 1533: „Und nemet also vergut, Ihr lieben Berggesellen. Nach diesen Reyen werden balt besser und andere mehr hernach folgen …“ Die Sammlung ist also für die lieben Berggesellen und alle am Bergbau hängenden Leute bestimmt. Das darunter vor allem die Bevölkerung des erzgebirgischen Bergbaugebietes verstanden werden kann, ist aus der Lage und Verbindung Zwickaus ableitbar.

John Meier entdeckte 1889 in der Zwickauer Ratsschulbibliothek diese seit Langem verlorenen Bergreihen, die Uhland 1843 vergeblich gesucht hatte. Dieser Fund bestand eigentlich aus vier Teilen, zwei in Zwickau bei Meierspeck und zwei möglicherweise bei Kunegund Hergotin in Nürnberg erschienenen.

Die gedruckten Bergreihen fanden starken Zuspruch, denn immer wieder mussten neue Auflagen erscheinen. Nach den Zwickauer Ausgaben gab es auch welche aus Nürnberg von 1536 und 1537. Daubmann in Nürnberg gab dann 1547 eine weitere Sammlung unter dem Titel heraus „Ander schoene Bergkreyen“ und „Das drit teyl der Bergkreyer“. Diese drei Teile, mit über 100 Titeln gibt dann 1574 Valentin Fuhrman zusammengefasst heraus.

Selbst in den Nürnberger Sammlungen überwiegen die Lieder aus dem Erzgebirge. Heilfurth bemerkt dazu: „Auch in den beiden jüngeren Nürnberger Sammlungen verleugnen die Bergreihen ihre Herkunft nicht. Der Zusammenhang mit dem Erzgebirge und seinen Bergleuten bleibt gewahrt. Gerade im dritten Teil offenbart er sich wie schon der Untertitel beweist, deutlich genug, von seinen 15 Nummern sind 8 erzgebirgische Berglieder. Er drückt also den ständischen Charakter dieses Begriffes wieder in den Vordergrund und kehrt damit zum Ausgangspunkt zurück. Für das Standeslied, das inzwischen im Erzgebirge weiter an Boden gewonnen hat, liefert er die meiste Ausbeute …“

1730 definiert Spranger den Begriff „Bergreihen“ wie folgt: „Es sind also Berg-Reihn, im eigentlichen Verstande nichts anderes als freudige Lieder, welche vom Berg-Werck, desselben Lob, Berg-Seegen und Ausbeuthe, auch was zum Berg-Bau gehöret, handeln …“ So besingen die Bergreihen Natur und Liebe, den harten und schweren Beruf des Knappen, Gefahren und Nöte, reiche Ausbeute und tausend Sehnsüchte. Auch sind häufig religiöse Gedanken anzutreffen.

Versprachen neue Anbrüche gute Ausbeute, zogen die Bergleute von weniger ertragreichen Gruben davon, um sich dort zu verdingen. Mit ihnen wanderten nicht nur Erfahrungen, Bräuche und Traditionen, auch die Texte und Melodien der Bergreihen. Selbst auf der Reise werden sie gesungen, da allerdings als Bettelgesang zur Bestreitung des Lebensunterhaltes. So traten sie

auf alle Fälle aus dem eigentlichen Bereich des Bergbaus heraus und wurden nicht nur landläufig bekannt, sondern wechselten auch die Sänger, und wenn man will, die Eigentümer.
Als Begleitinstrumente dienten Fummel, Hakenharfe und Berglaute. Auch das Zusammenschlagen von Werkzeugen zur Taktbestimmung, wird bezeugt.
Die Bergreihen finden sich verstreut in unterschiedlichen Veröffentlichungen, oft nicht als solche gekennzeichnet. Eine repräsentative Sammlung von Bergreihen gibt es bei uns noch nicht. Längst sind viele Bergreihen in das große Bereich der Volkslieder eingemischt worden, was natürlich durchaus seine Berechtigung hat.

Von einer bedeutenden Bergstadt zu einem Wallfahrtsort für Liebhaber erzgebirgischer Folklore

Wer heutigentags über Oberwiesenthal in die Tschechische Republik reist, fährt in der Regel an dem 1028 über N.N. hohen und damit höchstgelegenen Städtchen Mitteleuropas Gottesgab (Boží Dar) ohne Halt vorbei – es sei denn, der Reisende ist Anhänger der erzgebirgischen Folklore und pilgert zu dem Grab von Anton Günther. Dabei war Gottesgab im Mittelalter eine blühende Stadt und Teil eines bedeutenden Bergbaureviers. Anfang des 16. Jahrhunderts, mit Beginn des Bergbaus in diesem Gebiet, wurde der Ort als Wintersgrün gegründet und bereits 1546 durch den sächsischen Kurfürsten Johann Friedrich I. in den Rang einer Bergstadt erhoben. Zur gleichen Zeit erfolgte die Umbenennung der Stadt in Gottesgab. Der Überlieferung nach geht die Umbenennung auf einen Ausspruch des Kurfürsten zurück, der, auf einer Bank aus dem hier geförderten Silber sitzend, gesagt haben soll: „Dieses edle Metall ist euer Brot, das ist eine Gabe Gottes!"
Der Bergbau auf Silber muss in jener Zeit sehr erfolgreich gewesen sein. Verzeichnete doch (nach Laube) eine Notiz über das Silberausbringen in der Zeit von März bis September 1546 1120 Mark (rd. 262 kg) Brandsilber. Darüber hinaus wurden im 16. Jahrhundert Eisenerz, Kobalt und Wismut abgebaut. Die Abwanderung der Bergleute im Zuge der Gegenreformation und vor allem die Folgen des Dreißigjährigen Krieges führten jedoch in der zweiten Hälfte des 17. Jahrhunderts zu einem Rückgang der Bergbautätigkeit, die

Gottesgab, um 1930

– von einem kurzen Aufflackern in den vierziger und fünfziger Jahren des vergangenen Jahrhunderts abgesehen – zur Stilllegung des Bergbaus im Revier um Gottesgab um das Jahr 1820 führte.

Fragt man nun nach den Gründen für den sächsischen Einfluss auf die Gründung und die Entwicklung von Gottesgab muss berücksichtigt werden, dass Gottesgab bis zum Schmalkaldischen Krieg zur sächsischen Herrschaft der Tettaus auf Schwarzenberg gehörte. Diese Herrschaft wurde im Zusammenhang mit diesem Krieg im Prager Vertrag vom 14. Oktober 1546 vor Kriegsende zwischen dem albertinischen Herzog Moritz von Sachsen und dem habsburgischen König Ferdinand von Böhmen aufgeteilt. Da aber dieser Vertrag vielfach unterschiedliche Auslegungen zuließ, kam es in der Folgezeit zu langwierigen Streitigkeiten. Schließlich wurde im Schneeberger Vertrag vom 6. Oktober 1556 ein Schlussstrich gezogen. Demzufolge kamen die Bergamtsreviere Platten und Gottesgab an Böhmen und die von Eibenstock und Schwarzenberg an Sachsen.

Von dem Niedergang des Bergbaus hat sich Gottesgab nie wieder so richtig erholt. Hinzu kam, dass ein Feuer 1808 die gesamte Ortschaft in Schutt und Asche legte. Um so erfreulicher sind die besonders in jüngster Zeit erkennbaren Anzeichen einer Entwicklung zum Positiven. Neben der Pflege des Andenkens von Anton Günther geht es dabei besonders um die touristische Nutzung der hier befindlichen Natur- und technischen Denkmäler. Dazu gehört vor allem das etwa 1000 ha große Gottesgaber Hochmoor, durch das ein 3 km langer Moorlehrpfad führt. Entlang des unter staatlichem Denkmalschutz stehenden Kunstgrabens von Gottesgab nach Platten wurde ein 12 km langer

Lehrpfad geschaffen, und auch der die „Grenze“ überschreitende, in Oberwiesenthal beginnende Anton-Günther-Weg zieht immer mehr Wanderer an. Zudem sind in der kargen, aber reizvollen Landschaft neben dem bereits erwähnten Kunstgraben zahlreiche weitere Zeugnisse der früheren Bergbautätigkeit zu entdecken. Gab es doch (nach Blechschmidt) 1546 zur Blütezeit des Bergbaus in und um Gottesgab 26 Silbererz- und 29 Zinnerzgruben.
Vielleicht regen diese Zeilen den einen oder den anderen Leser an, sich einmal auf die Suche nach Spuren des Bergbaus in die benachbarte Region zu begeben und dabei nicht nur zahlreiche Aspekte einer interessanten Vergangenheit zu entdecken, sondern diese zugleich für die Gestaltung einer gemeinsamen Zukunft zu nutzen.

Einige Gedanken zu Grubennamen

Wandert man auf den Spuren alter Häuersteige oder entlang eines der oft neu angelegten und informativen Bergbaulehrpfade rufen die heutzutage teils merkwürdig anmutenden Grubennamen vielfach Staunen und Verwunderung hervor. Nun ist es verständlicherweise an dieser Stelle nicht möglich, all die Namen auch nur annähernd zu erfassen und erst recht nicht zu deuten. Waren doch nach Pforr allein im Freiberger Erzrevier im Verlauf einer 800-jährigen Produktionsgeschichte 1100 Erzgänge bekannt geworden, die größtenteils durch Namen gekennzeichnet wurden. Deshalb soll lediglich anhand einiger Beispiele dazu angeregt werden, einmal selbst die jeweiligen Namen „zu hinterfragen“ und nach den möglichen Gründen für die jeweilige Namensgebung zu suchen.
Relativ leicht wird dies in der Regel fallen, wenn Gruben nach Heiligen und dabei vor allem nach den Schutzpatronen der Bergleute benannt wurden. St. Anna, St. Daniel, St. Wolfgang mögen beispielhaft dafür stehen. Weitere Bezüge zur biblischen Geschichte sind auffallend und aus der tief verwurzelten Religiosität der Bergleute heraus erklärbar, so beispielsweise Himmelsfürst Fundgrube. Aber auch der Bezug zu dem Namen der berühmten Fundgrube Vater Abraham im Marienberger Revier dürfte hier zu suchen sein. Der Wunsch bzw. das Vertrauen auf einen guten Anbruch werden dabei sicherlich keine unbedeutende Rolle gespielt haben.
Eine große Bedeutung im Reigen der Grubennamen haben aber auch Tiernamen, wobei sich die Verbindung zu der Namensgebung oftmals aus der Mythologie bzw. dem Aberglauben herleitet. So galt – um nur ein Beispiel

anzuführen – das Vorhandensein von Molchen als Anzeichen von Gold bzw. von Reichtum. (Auch Alchimisten versuchten ja bekanntlich mit Hilfe von Molchen Gold herzustellen.) Bei der Namensgebung des heute als Besucherbergwerk betriebenen Molchner Stollns in Pobershau dürfte somit der Wunsch Vater des Gedankens gewesen sein.
Interessanterweise wird beispielsweise auch im Groben das Streichen der Erzgänge durch Anhängen von entsprechenden Endungen angegeben. Als Beispiel für den Freiberger Raum führt hierfür Pforr Glückauf Spat, Maria Stehender, Gottlob Morgengang und Golden Frieden Flacher an.
Bemerkenswert ist in diesem Zusammenhang weiterhin, dass sich oftmals die Sage der Grubennamen angenommen hat. Dies geschah vor allem dann, wenn der tatsächliche Anlass für die Benennung der Grube bereits zum Zeitpunkt der Entstehung der Sage nicht mehr bekannt war, nicht mehr verstanden wurde oder – was auch vorkam – vergessen werden sollte. So soll „Die fruchtbare Torheit", eine frühere Silbergrube bei Schneeberg, der Sage nach ihren Namen folgender Begebenheit zu verdanken haben: In den ersten Jahren des Schneeberger Silberbergbaus war man so silberhungrig, dass man unter jedem Fleckchen Erde reiche Erze vermutete und danach schürfte. So soll der Münzmeister Funk sogar in seiner Schmelzhütte eingeschlagen und dadurch das Gebäude beschädigt haben. Man lachte ihn deswegen allgemein aus. Als aber später die an dieser Stelle errichtete Grube ergiebig wurde, nannte man sie bezeichnenderweise „Die fruchtbare Torheit".
Ein weiteres Beispiel: Eine besondere Form der Lagerstätte heißt in der Bergmannssprache Kutte. War es da nicht naheliegend, an die Kutte als Kleidungsstück der Mönche zu denken, wenn man das bergmännische Sprachgut nicht beherrschte? Dies mag auch der Grund für die folgende Sage gewesen sein: Ein Pater aus dem Kloster Grünhain wanderte einst zur Kapelle, um seines Amtes zu walten. Weil aber die Hitze gar so groß war, setzte er sich im Wald nieder, um zu verkühlen und sich auszuruhen. Beim Niedersetzen stach ihn jedoch etwas so unsanft in sein Hinterteil, dass er vor Schmerz laut aufschrie. Als er nachsah, was ihn so gestochen habe, fand er einen starken Zacken aus Silber, der etwa drei Zoll aus dem Boden hervorstand. Um diese Stelle zu bezeichnen und wiederzufinden, zog er schnell seine Kutte aus und legte sie über den Zacken. Dann eilte er, so schnell ihn seine Beine trugen, nach Grünhain zurück und berichtete dem Abt von seinem Fund. Bald darauf wurde an dieser Stelle ein Bergwerk angelegt, das lange Zeit gute Ausbeute gab. Zur Erinnerung an die Entdeckung der Erze wurde es „Die Kutte" genannt. *(Ein gleiches Motiv ist übrigens auch in Verbindung mit dem Aufkommen der Bergwerke in Kuttenberg überliefert.)*

Die drei Kreuze vor den Toren Freibergs

Vor den Toren Freibergs stehen seit uralten Zeiten drei, oftmals erneuerte Kreuze. Hierbei handelt es sich wahrscheinlich um eine alte bergmännische Andachtsstätte, vermutlich aus vorreformatorischer Zeit. Stehen doch die Kreuze an einem alten Häuersteig. Auch ist die Knappschaft von jeher für ihre Erhaltung verantwortlich. Der Volksmund hat jedoch diese Kreuze mit folgender Sage umwoben:

In einem der vielen Kriege ist Freiberg einst hart bedrängt worden. Eine sehr hohe Summe an Geld sollte die Stadt aufbringen. Würde dies nicht geschehen, so wollten die Angreifer die Stadt restlos zerstören. Da aber die Stadt das viele Geld nicht gleich aufbringen konnte, wurden drei Ratsherren als Geiseln gestellt.

Inzwischen kam aber Entsatz für die Stadt. Daraufhin wurde ein Bote in das feindliche Lager geschickt, der den Ratsherren insgeheim kundtat, wie die Sache nunmehr stehen würde. Auch sagte er, dass sie möglichst in der kommenden Nacht fliehen sollten, da die Stadt auf Grund der neuen Lage nicht mehr gewillt sei, die geforderte Summe zu zahlen. Die Ratsherren befolgten den Rat und kamen auch glücklich bis vor das Lager. Hier wurden sie jedoch eingeholt und am anderen Morgen für ihren Wortbruch durch das Schwert hingerichtet.

Später soll die Stadt Freiberg zum Gedenken an ihre unglücklichen drei Ratsherren an der Stelle der Hinrichtung die Kreuze errichtet haben.

Tracht oder Uniform?

Beschreibt ein „Nichthiesiger“ das beispielsweise bei Bergparaden getragene Gewand eines Bergmanns kann es schon passieren, dass die Bergmannstracht als Uniform bezeichnet wird. Dabei dürfte sich schon allein aus dem jeweiligen Wortinhalt heraus eine Verwechslung weitgehend ausschließen. Bedeutet doch das aus dem Französischen stammende Wort uniform gleich- und einförmig bzw. gleichmäßig. Auf die Bekleidung bezogen heißt dies nichts anderes, als dass alle Teile derselben durchgängig vereinheitlicht sind. Am besten lässt sich dies sicherlich an der Uniform von Armeeangehörigen veranschaulichen. Nun gab es nachweisbar zwar bereits auch im Mittelalter vielfältige Bemühungen, die Kleidung der Bergleute zu vereinheitlichen. Insbesondere müssen in diesem Zusammenhang die Aktivitäten des Abraham v. Schönberg in der zweiten Hälfte des 17. Jahrhunderts genannt werden. Aber aus den verschiedensten Gründen waren sie doch alle zum mehr oder weniger totalen Scheitern verurteilt. Dabei spielten mit Sicherheit nicht nur Kosten- und Zweckmäßigkeitsgründe eine Rolle, sondern auch das Bemühen so manch einer Bergmannsbraut, ihrem Liebsten bei Bergparaden das Gewand durch ein selbstgefertigtes Teil aufzuwerten und dadurch ihre Liebe zu bekunden. Lediglich in der DDR konnte in der neueren Zeit für die Wismut-Kumpel eine Bekleidung geschaffen werden, die der Bezeichnung Bergmannsuniform entsprach.
Die grundsätzlich nicht vorhandene „uniforme“ Kleidung der Bergleute steht jedoch nicht im Widerspruch zu der Tatsache, dass sich zum Ausgang des 16. Jahrhunderts bestimmte einheitliche Elemente der Arbeitskleidung herausgebildet hatten, die nicht nur das Erscheinungsbild des Bergmanns prägten, sondern ihn zugleich von anderen Bevölkerungsgruppen unterschieden. Dazu gehörten: Arschleder, Kniebügel, weißer wollener Rock oder Kittel, Fahrhaube (Gugel), Schlägel und Eisen, Grubenbeil, Geleucht und Erztrog (vgl. Wilsdorf: Das historische Erzgebirgische Bergmannshabit). Somit kann auch der Bogen zu dem Begriff Tracht gespannt werden. Versteht man doch darunter die in ihren Merkmalen lange Zeit beständige, jedoch nicht uniforme Kleidung, die ihre Träger zu bestimmten Gruppen zugehörig ausweist. Dabei spricht es für den Stolz der Bergleute auf ihren Berufsstand, dass sie wesentliche Teile ihrer Arbeitskleidung zugleich zum prägenden Teil ihrer Festtagstracht, dem Berghabit, machten. Bemerkenswert ist in diesem Zusammenhang aber auch, dass der zur Teilnahme an den angeordneten Paraden verpflichtete Bergmann – Frauen und Kinder in Tracht in einer Parade waren damals undenkbar – die gesamte zur Parade gehö-

Bergleute in Tracht

rende „Ausrüstung“ selbst anschaffen musste. Was die damit verbundene Belastung für so manche Familie bedeutete, kann man sich unschwer vorstellen.

Nun ist es sicherlich verlockend und aufschlussreich, die einzelnen Elemente einer Bergmannstracht näher zu beleuchten. Da dies jedoch den Rahmen der vorliegenden Publikation sprengen würde, soll sich nachstehend nur auf das wohl bekannteste und hervorstechendste Merkmal – das Arschleder – beschränkt werden. Balthasar Rößler beschreibt es in seinem 1700 erschienen Buch „Hell-polierter Berg-Bau-Spiegel“ als rundgeschnittenes Leder, „welches die Berg-Leute so wohl bey ihrer Arbeit / als zur Zierrath brauchen“. Nach Wilsdorf setzte es sich zwischen 1500 und 1525 schnell durch. Heute noch sichtbarer Beleg ist beispielsweise das 1516 geschaffene Bild des Bergmanns am Kanzelaufgang der St. Annenkirche in Annaberg. Die schnelle Durchsetzung des Arschleders ist übrigens nicht verwunderlich. Schützte es doch den Bergmann nicht nur vor der bisher unvermeidlichen Durchnässung seiner Kleidung, sondern bot zugleich erheblichen Schutz vor Verletzungen bei der gezwungenermaßen sitzenden Arbeit vor Ort. Auch das Einfahren

Bergleute in Tracht als Kanzelträger im Freiberger Dom

auf dem Arschleder in tonnenlägigen Schächten wird erwähnt. So schreibt beispielsweise Georgius Agricola in seinem 1557 erschienenen Werk „Vom Bergkwerck XII Bücher": „ ...so sitzendt die Bergkheumer mitt sampt den anderen arbeittern auff ihr arsleder / das umb die lenden gebunden / dahinde herab hanget / und farendt hinab nicht anders als die knaben wintters zeit ..." Das Arschleder wurde somit auf Grund seiner großen Bedeutung für den Bergmann unter Tage schnell zu dem Schlägel und Eisen ergänzenden „Berufsabzeichen". Dies wird auch dadurch unterstrichen, dass das Abbinden des Arschleders – oder auch nur die entsprechende Androhung – für einen Bergmann als eine der härtesten Strafen angesehen wurde. Darüber hinaus wird – zumindest in der Traditionspflege – der so genannte Arschledersprung, bei dem der in den Bergmannsstand Aufzunehmende nach dem Leeren eines Bierglases und der Beantwortung entsprechender Fragen von einem Bierfass herab über ein davor aufgespanntes Arschleder springen muss, zu einem Teil des bergmännischen Brauchtums. Auch die Bezeichnung Bergleute vom Leder für die eigentlichen Bergleute bzw. Bergleute von der Feder für die im Bergbau tätigen „Beamten" bringt den Symbolcharakter des Arschleders deutlich zum Ausdruck. Und mal ehrlich: kann man sich selbst heutigentags einen geschnitzten Bergmann als Symbolfigur der erzgebirgischen Volkskunst ohne Arschleder vorstellen?

Ein Schatzgräber im niederen Erzgebirge

Zur Geschichte des Lugau-Oelsnitzer Kohlenreviers von Herm. Unger, niedergeschrieben Ende des 19. Jahrhunderts

Einige Stunden südwestlich von Chemnitz breitet sich ein Thalbecken aus, an dessen Rande die gewerbfleißigen Städte Hohenstein, Ernstthal, Stollberg und etwas westlicher Lichtenstein und Callnberg liegen. Die jetzt sehr gelichteten Waldungen auf den angrenzenden Höhen reichten noch vor einem Menschenalter als stattliche Forste tief in den Thalkessel herab und umschlossen dicht und eng die damals noch sehr kleinen und unansehnlichen Ortschaften Würschnitz, Lugau, Oelsnitz (nach damaliger Schreibweise Ölsnitz – D.W.) und Gersdorf. Zwischen Würschnitz und Oelsnitz war der hohe Wald durch die Strut (d. i. niedriges Gehölz) unterbrochen, in deren Bereich auch ein mit fahlen Sumpfgräsern und Heidekraut bewachsener Plan gehörte.
Auf dieser Waldblöße trieb vor 50 Jahren (also um das Jahr 1850 – D.W.) ein Schatzgräber sein Werk, emsig und geheimnisvoll. Freilich war er keiner von denen, die in abergläubischer Befangenheit auf Irrlichter als auf bedeutungsvolle Zeichen achten, auch keiner von dem Schlage derer, die den Hexenglau-

ben thörichter Mitmenschen listig ausbeuten, sondern ein rechtschaffener Mann, der statt der Wünschelrute die Feder und den Zeichenstift zu führen verstand und nebst Spaten, Hacke und Schaufel auch Schlegel und Eisen sowie das Gezähe handhabte.

Unser Schatzgräber war ein Bergbeamter aus Zwickau. Auf einer Wanderung in seinen Heimatsort Langenau bei Freiberg kehrte er bei Verwandten in Lichtenstein ein. Hier wurde er eingeladen, mit nach dem nahen Oelsnitz zu gehen, wo sein Onkel Geschäfte zu besorgen hatte. Gern war der Gast dazu bereit; hatte er doch von verschiedenen Seiten gehört, daß man bei einem Straßenbau Ende der zwanziger Jahre (des 19. Jahrhunderts – D.W.) zwischen Würschnitz und Oelsnitz und später beim Tiefackern wiederholt Kohlen gefunden habe. Auch wußte er von Bohr- und Senkversuchen einer Freiberger Bergbaugesellschaft und der Fürstlich Schönburgischen Herrschaft zum Zwecke der Kohlengewinnung, die freilich ohne Erfolg geblieben sein sollten. Diese Versuchsstellen aus eigener Anschauung kennen zu lernen, war dem Bergbeamten von großem Interesse. Er ließ sich daher von seinem Verwandten in jene Gegend führen und von einem zufällig anwesenden Waldarbeiter die betreffenden Punkte zeigen. Von den früheren bergmännischen Arbeiten waren aber nur noch wenig Spuren sichtbar, und schon wollten die beiden Männer das fragliche Gebiet verlassen, als der Fachmann bei einem tieferen Wegeinschnitt stehen blieb und die Schichtung des bloßgelegten Bodens genauer untersuchte. Nach kurzem Verweilen rief er seinem überraschten Begleiter zu: „Das ist ja das echte Kohlengebirge!" Die gemachte Wahrnehmung beschäftigte nun immerfort seine Gedanken.

Wochenlang schwebte er in Ungewißheit, ob er nicht lieber seine Stellung in Zwickau aufgeben und hier mit Teufung eines kleinen Schachtes sein Glück versuchen sollte. Als ihm nun seine ohnehin nicht befriedigende Stellung durch ein Vorkommnis noch mehr verleidet worden war und er und seine Frau in einer und derselben Nacht sonderbare Träume gehabt hatten von einem waldigen Arbeitsfelde in der Nähe turmloser Orte, auf welchem ringsum große Schornsteine entstanden und große Erntewagen beladen wurden, da hielt er sein ferneres Schicksal für besiegelt und entschieden. Nach Aufgabe seines Zwickauer Amtes siedelte er in aller Stille ohne Familie, nur in Begleitung zweier zuverlässiger Arbeiter, nach Oelsnitz über. Zunächst schloß er mit dem Gutsbesitzer Hösel daselbst einen Vertrag ab, weil auf dessen Grundstück die Arbeiten beginnen sollten. Auch bildete er eine kleine Gesellschaft, zumeist aus Verwandten bestehend, die das nötige Geld zu dem Unternehmen aufzubringen bereit war. Nach diesen Abschlüssen erfolgte am 7. Sept. 1843 unter Gebet der erste Spatenstich.

Obwohl die Schachtanlage in sehr bescheidenem Umfange geplant und begonnen worden war, blieben doch dem wackeren Mann bittere Erfahrungen nicht erspart; er merkte täglich, daß aller Anfang schwer ist. Nach einigen Tagen schon kam man im Erdinneren auf ungeheure Wassermassen, die fast nicht zu bewältigen waren. Dazu stellte sich auch die vom Bergmanne so gefürchtete Triebsandschicht ein. Durch diese Umstände und in Erinnerung an die früher mit so vielem Kostenaufwande und doch vergeblich betriebenen Bohr- und Teufungsversuche wurden die Mitglieder der kleinen Gesellschaft bald zaghaft und wollten in ihrem Kleinmute die vereinbarten Zahlungen nicht mehr leisten.

Von den täglich wachsenden Schwierigkeiten ließ sich der brave Bergmann jedoch keineswegs entmutigen. In festem Vertrauen auf Gott, der ja alle ehrliche Arbeit segnet, begann er nach wie vor in aller Frühe sein Tagewerk und kehrte erst in später Abendstunde aus der Grube zurück. Als aber bei aller Ausdauer und trotz aller Mühe nach Wochen noch kein merklicher Fortschritt der Arbeit zu verzeichnen war, entschloß er sich, einen zweiten Schacht und zwar in größerer Nähe des vermutlichen Ausstrichs der Kohle zu senken. Hierzu schien ihm der sogenannte Siebersche Garten, nahe der Niederwürschnitzer Grenze, am geeignetsten. Mit der käuflichen Erwerbung des betreffenden Haus- und Feldgrundstücks war zugleich eine eigene Wohnung für die Familie gewonnen, die nun auch schleunigst bezogen ward. Jetzt wurde zur Teufung auf dem erkauften Grund und Boden verschritten. Für die beiden Arbeitsstellen reichte jedoch die einfache Kraft des Leiters nicht mehr aus, und es mußten ihn Frau und Tochter bei den Arbeiten über Tage, sowie bei der Besorgung notwendiger Geschäftswege unterstützen, gleichviel ob Sonnenglanz über den Fluren lag oder Wetter stürmten, ob Tag- oder Nachtzeit war. Von jetzt an gab es für die ganze Familie viel Anstrengung und Entbehrung, wenig Ruhe und Bequemlichkeit. Selten waren die Familienglieder zur Essenszeit am Tische beisammen; ja es kam vor, daß die Mahlzeit gleich auf der Waldblöße bereitet und verzehrt wurde. Ihre harte Lage, in der sie noch bitteren Hohn und Spott übelgesinnter Leute zu ertragen hatten, verschlimmerte sich durch einen zeitig hereinbrechenden Winter. Oft erstarrten den helfenden Frauen die Hände am Haspel, und dem armen Kohlensucher froren nicht nur einmal die durchnäßten Kleider auf dem Leibe fest, wenn er bei grimmiger Kälte aus der Grube kam.

Nach langer, langer Zeit war man endlich am Hohen Neujahrstage wieder einmal in der Wohnung vereinigt, und zwar, um das Geburtsfest der Hausfrau und Mutter zu feiern. Zu einer rechten Feststimmung wollte es aber unter den obwaltenden Verhältnissen nicht kommen; niemand konnte ja ahnen, daß das Glück schon vor der Thür stand und nur noch zögerte, einzutreten. Bekümmerten Herzens suchte die Familie bald das Lager auf. Der Schlaf mochte sie noch nicht lange ihrer Sorge entrückt haben, als in der dritten Morgenstunde heftig am Hause gepocht wurde und laute Stimmen den Anbruch der Kohle meldeten. Diese frohe Botschaft war eine gar große Geburtstagsüberraschung und brachte trotz der Nachtzeit munteres Leben ins Haus. Sogleich eilte der beglückte Grubenbesitzer zu dem Schachte, um die ersten Kohlen in einem um den Hals befestigten Körbchen zu Tage zu fördern. Dies gelang ihm auch, obgleich er dabei fast bis unter die Arme ins Wasser treten mußte. Die freundliche Hausfrau war auch in kurzer Zeit zur Stelle und reichte den treuen Arbeitern einige mächtige Krüge Warmbier, das sie in aller Eile bereitet hatte.

Nach dem Bekanntwerden des Kohlenfundes im Königlichen Oberbergamte zu Freiberg wurden dem „Schatzgräber" als Anerkennung eine wertvolle geognostische Karte und 200 Thaler mit einem ehrenden Schreiben übersandt. Im Frühjahre aber veranstaltete der glückliche Grubenbesitzer für seine Schachtleute nachträglich ein Fest, an dem die ganze Gemeinde freudigen Anteil nahm. Nach Absingen des Liedes: „Nun danket alle Gott", feierte der Diakonus Kolbe aus Stollberg auf Grund des Textes: „Der Herr hat Großes an uns getan", in einer trefflichen Festrede die Bedeutung des Ereignisses. Den Kindern wurde ein Schulfest bereitet, und die Erwachsenen vergnügten sich beim Tanze bis spät in die Nacht hinein. …

So war am 7. Januar 1844 morgens 3 Uhr ein unermeßlicher Schatz, und zwar in der geringen Tiefe von 8 Metern aufgefunden worden. An seiner Hebung haben in den nachfolgenden 50 Jahren tausend und abertausend Hände gearbeitet, und noch viele Jahrzehnte werden vergehen, ehe er erschöpft sein wird. (Die Steinkohlenförderung im Lugau-Oelsnitzer Revier wurde 1971 eingestellt – D.W.) Die große Veränderung, die seitdem in den gesamten Verhältnissen des Lugau-Oelsnitzer Kohlengebiets eingetreten ist, vermögen nur die recht zu würdigen, unter deren Augen die weite Landschaft emporblühte. Die früher so armseligen Dörfer ….. haben sich zu schönen großen Ortschaften entwickelt und sind heutzutage mit breiten Straßen und stattlichen Häuserreihen versehen. Die Einwohner zählen jetzt nach ebensoviel Tausenden, als es früher Hunderte waren, und immer noch ziehen aus den ärmeren Gebirgsgegenden Leute zu, um daselbst ein besseres Auskommen zu finden. Die dreizehn großen Werke des Reviers, die meisten aus Zwillingsschächten bestehend, fördern in Tag- und Nachtschichten Kohlenmengen zutage, deren Wert sich auf viele Millionen beziffert.

Mit dem Bergbau sind aber auch verschiedene andere Industrien eingezogen. Man findet daselbst Sägewerke, große Holz- und Eisenhandlungen, Maschinenbauanstalten, Hanf- und Drahtseilereien, Kohlenstaubmühlen u. dgl. Infolge reger Bauthätigkeit entstanden viele Ziegeleien und Baugeschäfte, und große Spinnereien brachten den weiblichen Arbeitskräften hinreichend Beschäftigung. Kurz, ein Blick in das weite Thalbecken mit seinen zahlreichen Dampfschloten und Schienenwegen zeigt, daß jetzt da reges Leben, Handel, Verkehr und Wohlstand herrschen, wo (früher) nur Armseligkeit und Dürftigkeit zu finden war.
Der Mann aber, durch dessen Entdeckung die reichen Kohlenlager im Lugau-Oelsnitzer Revier aufgeschlossen und solche gewaltige Veränderung herbeigeführt wurden, hieß Karl Gottlob Wolf. Er wurde als Sohn des Obersteigers Wolf am 7. Februar 1808 in Langenau bei Freiberg geboren. Nach vollendeter Schul- und praktischer Lehrzeit im Bergbau besuchte er die Bergschule zu Freiberg mit gutem Erfolg. Nach seinem Abgange von derselben war er Zeichner an verschiedenen Orten; so wirkte er z.B. als Zeichenlehrer zwei Jahre lang an seiner ehemaligen Bildungsstätte in Freiberg. Später kam er nach Zwickau und leitete hier verschiedene Kohlenwerke, bis seine Übersiedelung im Sommer 1843 nach Niederwürschnitz und später Oelsnitz erfolgte. Die Auffindung der Kohle brachte dem braven Bergmanne leider nicht die sorgenfreie Existenz, die er wohl verdient gehabt hätte. Vielmehr begann für ihn nun erst recht eine Zeit schwerer Kämpfe und bitterer Erfahrungen. Mißgunst und Neid nötigten ihm jahrelange kostspielige Prozesse auf, die sein Unternehmen hemmten und ihn selbst schwer schädigten. Als aber die Anfeindungen ... gar kein Ende nehmen wollten, verließ er im Jahre 1852 die heimatliche Erde und suchte über dem Weltmeere im fernen Westen Heil und Frieden.

Weiß-blau, nicht nur in Bayern

Wenn auch allgemein von dem „Silbernen Erzgebirge“ gesprochen und mit diesem Slogan geworben wird – das Silber allein war nicht die einzige Grundlage für die Bedeutung des Bergbaus im Erzgebirge. Neben Kohle wurden Eisen und Zinn, aber auch Blei, Kupfer, Wismut, Uran, Nickel, Arsen, Wolfram und Gold gefördert bzw. geseift. Von großer Bedeutung waren weiterhin Kaolin und Kobalt, ersteres für die Herstellung des weißen Porzellans und letzteres als Basis für die Produktion von Smalte, einem blauen Farbstoff. Kaolin, auch Weißerde genannt, wird nicht an allzuvielen Stellen abgebaut.

Huthaus der Weiße Erdenzeche in Aue

Die bekannteste und in ihrer Bedeutung weit über die Grenzen Sachsens hinausreichende Grube ist – bzw. war – dabei zweifelsohne die Weiße Erdenzeche bei Aue. Bereits 1698 sollen Bergleute in der Veit Hans Schnorr dem Jüngeren gehörenden Roten St. Andreas Fundgrube, einer Eisenerzgrube, auf Kaolin gestoßen sein. Schnorr mutete daraufhin nach entsprechenden Erkundungen ein weiteres Grubenfeld, und wenig später nahm hier die Weiße St. Andreas Fundgrube ihren Betrieb auf. Wurde Kaolin zunächst nur bei der Farbherstellung und für die Ziegel der in den Blaufarbenwerken stehenden Brennöfen verwandt, änderte sich die Bedeutung schlagartig, als Böttger bei seinen Experimenten die hervorragende Eignung des Kaolins aus dem Auer Bergwerk für die Porzellanherstellung herausfand. Dies führte dazu, dass nach Beginn der Lieferung im Jahre 1711 nicht nur ausschließlich dieses Kaolin bei der Herstellung des Meißner Porzellans verwendet wurde. Es gab auf „Allerhöchsten Erlaß“ sogar ein Verbot der Lieferung an andere Abnehmer und der Verwendung für andere Zwecke.
Aber auch die größte Lagerstätte ist einmal erschöpft, und so machte bereits 1805 ein vom damaligen Bergamtsassessor v. Herder verfasster Bericht auf die Erschöpfung des Vorkommens und das Nachlassen der Qualität aufmerksam. Es dauerte danach aber noch bis Ende 1855 bis durch das Finanzministerium die Einstellung des Betriebes der Auer Weiße Erden Zeche verfügt wurde. Glücklicherweise hatte aber ein Angestellter der Meißner Porzellanmanufaktur bereits im Oktober 1764 ein Kaolinvorkommen in Seilitz, nur 12 km von Meißen entfernt, entdeckt. Somit konnten und können auch weiterhin Kunstwerke und Gebrauchsgegenstände aus weißem Porzellan in dem gewöhnten Qualitätsstandard zur Freude der Menschen gefertigt werden.
Als in der zweiten Hälfte des 16. Jahrhunderts der Silberbergbau im Schneeberger Revier stark zurückging, nahm man an, dass ein tückischer Kobold das Silbererz in ein anstelle des Silbers gefundenes und damals nicht nutzbares Erz verwandelt habe. Man nannte ihn deshalb auch Silberräuber und das Erz Kobalt. Schließlich entdeckte man aber, dass sich aus diesem Erz doch etwas Nützliches herstellen ließe, und zwar eine herrliche blaue Farbe, die besonders für die Glas-, Ton- und Porzellanherstellung geeignet war. Die Entdeckung ist zwar bis heute sagenumwoben *(s. Das blaue Wunder)*, die Produktion entwickelte sich jedoch so prächtig, dass nach Blechschmidt die fünf sächsischen Blaufarbenwerke in Schneeberg, Oberschlema, Albernau, Zschopau und Niederpfannstiel noch in der Zeit vor Ende des Dreißigjährigen Krieges jährlich insgesamt 18 000 Zentner Smalte, wie die blaue Farbe genannt wurde, lieferten. Erst durch die Erfindung von Ultramarin im Jahre 1822 verlor die Verwendung von Kobaltblau ihre Bedeutung.

Das blaue Wunder

Zu den wohl schönsten Sagen auf beiden Seiten des Erzgebirges gehört folgende Überlieferung:

Als sich im sechzehnten Jahrhundert der Bergsegen des oberen Erzgebirges allmählich dem Ende zuneigte, erhob sich überall das Wehgeschrei über den Silberräuber. So nannte man den tückischen Kobold, der im Glauben der Bergleute die bisher so ergiebigen Silberadern in taubes Gestein verwandelte.

Zu dieser Zeit lebte in Platten Christoph Schürer, ein in der Naturlehre und in der Chemie wohlerfahrener Mann. Doch weil er nicht von seinem evangelischen Glauben lassen wollte, musste er Böhmen verlassen. In Schneeberg fand er aber bald darauf wieder eine Anstellung bei den Hütten. Auch dauerte es nicht lange, und er gewann die Liebe von Anna, der Tochter des Hüttenmeisters Rau. Durch sein Geschick und durch sein einnehmendes Wesen überzeugte Schürer bald deren Vater, der schließlich sein Jawort zu dieser Verbindung gab. Die Hochzeit sollte zum nächsten Bergfest stattfinden.

Bevor aber dieses Fest kam, drohte ein Unstern Schürers Hoffnungen zu vernichten. Hatte es ihm doch der verhasste Silberräuber, der vielverrufene Kobold angetan. Schürer hatte es sich in den Kopf gesetzt, ihn durch chemische Zubereitung zu etwas Nützlichem umzugestalten. Dazu machte er insgeheim in einer Schmelzhütte bei Oberschlema vielerlei Versuche. Dabei trieb ihn sein Eifer so weit, dass er oft die ganze Nacht hindurch arbeitete. Dadurch geriet er aber schließlich in den Verdacht, ein Alchimist oder Schwarzkünstler zu sein.

Zu allem Unglück liefen gerade zu dieser Zeit aus Platten schlechte Nachrichten ein. Dort hatte er sich nämlich durch seinen Glauben Feinde und durch seine Kenntnisse und sein Ansehen Neider gemacht. Man behauptete, dass er ein Zauberer, Dieb und Glaspartierer gewesen sei und forderte seine Auslieferung. Schließlich musste der Bergmeister nachgeben und gebot, Schürer zu verhaften.

Als ihn der Frohn daraufhin festnehmen wollte, war Schürer gerade wieder mit seinen Versuchen in der Schmelzhütte beschäftigt. Aber der Frohn konnte seinen Auftrag nicht erfüllen, weil die Tür verschlossen war. So holte er zur Verstärkung noch den Berg- und den Hüttenmeister sowie den Nachtwächter. Als die Männer sodann gemeinsam die Tür aufgebrochen hatten, kam ihnen Schürer mit freudestrahlenden Augen entgegen. Aber die Freude wandelte sich schnell in Schrecken, als er merkte, warum die Männer gekommen waren. Doch fasste er sich schnell wieder und rief mit fester Stimme: „Männer, wenn ihr meint, daß ich bösen Unfug mit der schwarzen Kunst treibe, so tretet her! Seht, zu dieser herrlichen blauen Farbe habe ich den Silberräuber gewandelt! Ich meine, es soll dem Land von großem Nutzen sein!" Dabei zeigte er den Männern eine Mulde, gefüllt mit bisher nie gesehenem blauen Staubmehl.

Nun war es an den Herren zu staunen. Sie wollten sogleich wissen, woraus er die blaue Farbe gemacht habe. Schürer zeigte und erklärte ihnen auch alles willig und reinigte sich so von dem Verdacht, ein Schwarzkünstler zu sein. Der Bergmeister war dadurch so voller Freude, dass er alles unternehmen wollte, um Schürers Unschuld zu beweisen. Dies gelang auch bald darauf, und Schürer erhielt seine Freiheit wieder. Durch die Erfindung der blauen Farbe, die man anfangs nur das blaue Wunder, später aber Smalte nannte, kam er zu großen Ehren. Am schönsten aber war, dass durch diesen Schatz viele Menschen über lange Zeit wieder ihr Brot hatten.

Adam Ries – nicht nur ein begnadeter Rechenmeister

Zu den wohl bekanntesten, mit dem Erzgebirge untrennbar verbundenen Persönlichkeiten gehört zweifelsohne Adam Ries. Seine bis in die heutige Zeit reichende Popularität kommt nicht nur in der häufig gebrauchten Redensart „Das macht nach Adam Ries …“ zum Ausdruck. Sie wird auch dadurch unterstrichen, dass zumindest in Sachsen und in Franken – historisch gesehen – der Beruf des Rechenmeisters in der Regel mit Adam Ries identifiziert wird.

Nun müsste man ja annehmen, dass der Lebenslauf eines so bekannten Mannes lückenlos dokumentiert und nachweisbar ist. Doch weit gefehlt! Weder sein genaues Geburtsdatum noch sein Sterbetag sind exakt belegbar. Ja selbst Belege über die Tätigkeit von Adam Ries als „Schulhalter“ in Annaberg konnten bisher noch nicht vorgelegt werden. Einig sind sich die Experten lediglich über seinen Geburtsort: die fränkische Stadt Staffelstein. Hat doch Adam Ries selbst in seinem 1518 erschienenen ersten Rechenbuch „Rechnung auff der linihen“ den Vermerk angebracht: *gemacht durch Adam Risen vonn Staffelsteyn*. Analoge Vermerke finden sich übrigens auch in weiteren Publikationen. Zudem besaß sein Vater einigen Grundbesitz in dieser Stadt und war dort auch als Schöffe tätig. Doch abgesehen von der Tatsache, dass er in der Zeit der zweiten, im Jahr 1491 oder 1492 geschlossenen Ehe seines Vaters geboren wurde, sind weder für seine Geburt noch für die ersten Jahrzehnte seines Lebens dokumentarische Belege bekannt. So ist man für die Bestimmung seines Geburtsjahres auf das einzige zeitgenössische Porträt angewiesen. Wurde doch um den Holzschnitt folgende Inschrift angebracht:

Büste von Adam Ries vor der Johanniskirche in Annaberg

ANNO 1550 ADAM RIES SEINES ALTERS IM LVIII. Zieht man nun das hier angegebene Alter von der Jahreszahl 1550 ab, kommt man auf das Geburtsjahr 1492. Verschiedentlich werden aber auch die Jahre 1491 bzw. 1493 als Geburtsjahr angegeben.
Zwischen 1509 und 1518 hat er sich in verschiedenen deutschen Regionen bzw. Städten aufgehalten, so u.a. in Zwickau und in Nürnberg. Ab 1518 ist dann sein Aufenthalt in Erfurt nachweisbar. In dieser Erfurter Zeit erschienen zwei seiner Rechenbücher. Außerdem leitete er hier eine Rechenschule, und es taucht auch erstmals seine Bezeichnung als Rechenmeister auf. Verweist er doch selbst 1522 in dem Buch „Rechnung auff der Linihen vnd federn" darauf, dass er *Rechenmeister zu Erffurdt* sei. Aber auch hier ist wieder bemerkenswert, dass selbst solch ausgewiesene Kenner des Lebens von Ries wie Peter Rochhaus nicht nachweisen können, „ob und wenn ja, wann und wo er seine Rechenmeisterprüfung ablegte ..."
Dass es ihn schließlich 1522 (oder 1523?) ausgerechnet nach Annaberg zog, braucht nicht zu verwundern. War doch diese Stadt durch den aufblühenden Bergbau zu großer Bedeutung gekommen und brauchte dringend Menschen, die in der Kunst des Rechnens bewandert waren. Galt es doch beispielsweise, sowohl die erforderlichen Zubußen als auch die erzielte Ausbeute und deren Verteilung richtig zu berechnen. So kam es, dass Adam Ries mit seinen Kenntnissen und Fähigkeiten bereits bald nach seiner Ankunft „Bergbeamter" wurde. 1524 wurde er Rezessschreiber in Annaberg – eine Tätigkeit, die man heute am ehesten mit der eines Buchhalters vergleichen könnte. Ist doch lt. Mayers Konversationslexikon das Rezessbuch das bei Bergwerksverwaltungen geführte Kontobuch, „in dem die schuldigen Beiträge der Teilhaber vermerkt werden. Bei nicht rechtzeitiger Zahlung der Rezeßgelder fällt der betreffende Bergwerksanteil ins Retardat, infolgedessen die Schuldner innerhalb eines bestimmten Termins ihre Zubuße bezahlen müssen, widrigenfalls ihre Bergwerksanteile verfallen."
Auch in Marienberg übte er von 1527 bis 1535 diese Funktion aus. Seine Auftraggeber müssen sehr zufrieden mit ihm gewesen sein, denn bereits 1532 stieg er zum Gegenschreiber auf und musste das so genannte Gegenbuch führen. „Gegen-Buch / ist / darinnen alle Lehen und Gewercke eingetragen sind / dabey auch / was einem an Kuxen verkauffet / jenem ab- und dem Käuffer zugeschrieben wird / richtig zu befinden." (Rößler)
Nebenbei wurde er noch mit verschiedenen anderen Aufgaben betraut und war als Verleger von Kuxen tätig. 1533 wurde er als Nachfolger von Hans Röhling zusätzlich als Zehntner im Bergamt Geyer angestellt, eine Aufgabe, die er bis 1539 ausübte. Somit gehörte Adam Ries zur Spitze der sächsischen

Bergbeamten und seine diesbezügliche Entwicklung kann mit der Feststellung zusammengefasst werden, dass er der Mann war, der zur richtigen Zeit am rechten Ort war. Interessant ist in diesem Zusammenhang auch, dass er auf dem einzigen überlieferten Porträt (s. Abb.) mit einem so genannten Fahrhut dargestellt ist. Dies kennzeichnet ihn eindeutig als Bergmann von der Feder.

Bei all seinen Leistungen im Bergwesen dürfen und sollen natürlich seine speziellen Verdienste nicht unerwähnt bleiben, die ihn zu dem wohl bekanntesten Rechenmeister machten und ihm 1539 eine Ernennung zum Churfürstlich S. Hofarithmeticus „einbrachten". In Verbindung mit seinem Beitrag zur Entwicklung der Rechenkunst selbst dürfte zu seiner Berühmtheit wohl am meisten beigetragen haben, dass er seine Rechenbücher anstatt in Latein in deutscher Sprache veröffentlichte und seine Rechenexempel an der Praxis orientierte. Mit Sicherheit ist dies auch der wohl entscheidende Grund dafür, dass seine Rechenbücher eine so große Verbreitung gefunden haben. Nach Rochhaus hat beispielsweise das Buch „Rechnung auff der Linihen vnd federn" zwischen 1522 und 1656 insgesamt 118 Auflagen erreicht. Auch ist es Adam Ries zu verdanken, dass nicht mehr umständlich mit römischen Zahlen gerechnet werden muss und sich in Deutschland das Dezimalsystem durchsetzte.

Ein weiterer Aspekt des vielseitigen Wirkens von Adam Ries ist jedoch vielfach unbekannt geblieben: Die Erarbeitung einer Brotordnung für Annaberg (1533). Ging es doch darum, dass bis dato die Bäcker auf eine Erhöhung der Getreidepreise mit einer kaum zu kontrollierenden Gewichtsreduzierung der Backwerke reagierten. Mit anschaulichen Rechenexempeln muss ihm die Schaffung einer „beweglichen Brotordnung" so gut gelungen sein, dass ihn auch Leipzig, Zwickau, Hof und St. Joachimsthal mit der Erarbeitung einer Brotordnung für ihre Stadt betrauten.

Was gibt es noch über Adam Ries zu berichten? 1525 heiratete er Anna Leubner, legte im gleichen Jahr den Bürgereid ab und kaufte in der Annaberger Johannisgasse ein Haus, das heute die Nummer 23 trägt und als Adam-Ries-Museum diesen bedeutenden Sohn der Stadt würdigt. Mit seiner Ehefrau

zeugte er (mindestens) acht Kinder, und nach Angaben des Adam-Ries-Bundes sollen bislang mehr als 20000 direkte Nachfahren nachweisbar sein. 1539 erwarb er ein außerhalb der Stadt gelegenes Vorwerk, das nach ihm Riesenburg benannt, jedoch in den Wirren des Dreißigjährigen Krieges 1639 zerstört wurde.
Sicher ist es mit wenigen Zeilen kaum möglich, ein umfassendes Bild von diesem genialen Menschen zu vermitteln. Aber vielleicht regen sie dazu an, einmal das Adam-Ries-Museum in Annaberg oder zumindest die vor der Johanniskirche in Annaberg aufgestellte, 1883 von dem Dresdner Bildhauer Eduard Robert Henze geschaffene Büste des Rechenmeisters zu besuchen. Zudem kann als weiterführende Literatur allen Interessenten das Buch von P. Rochhaus „Adam Ries. Vater des modernen Rechnens" empfohlen werden.

„... die da graben das Silber und das Gold bei der Nacht ..."

Zweifelsohne gehört das Bergmannslied „Glück auf, der Steiger kommt" nicht nur im Erzgebirge, sondern wohl in allen Bergbauregionen Deutschlands zu den bekanntesten und wohl auch zu den ältesten heute noch gesungenen und gespielten Liedern. Der Marsch – damals noch mit der Textzeile „Wache auff, der Steyer kömmt" – ist bereits in einem erzgebirgischen Bergliederbüchlein enthalten, das um 1700 in Freiberg gedruckt wurde. Teile des Liedes sollen sogar bis in das Jahr 1531 zurückgehen. Experten sind sich zudem ziemlich einig, dass die Wurzeln dieser Bergbauhymne mit großer Wahrscheinlichkeit im Erzgebirge zu suchen sind.
Nun heißt es aber bekanntlich in der zweiten Strophe „... *die da graben das Silber und das Gold bei der Nacht* ...". Sicherlich wird das Graben nach Silber in einem erzgebirgischen Bergmannslied kaum Verwunderung hervorrufen. Gehört es doch zu dem Allgemeinwissen der meisten Deutschen, dass das frühe Sachsen seinen Reichtum und seine Bedeutung zu einem erheblichen Teil den Silbervorkommen im Erzgebirge verdankt. Von einem Bergbau auf Gold hat man dagegen doch eigentlich so gut wie nichts gehört! Nun heißt es in der zweiten Strophe des Liedes gar noch: „... *aus Felsgestein hau'n wir das Gold* ...". Wenn man sich jedoch vor Augen hält, dass das kleine und vielen Menschen sogar unbekannte Grubenrevier am Zechenberg bei Hohenstein-

Seifner bei der Arbeit (Agricola)

Ernstthal als bedeutendstes Goldvorkommen Sachsens gilt, aber selbst die hier geförderten Erze einen Goldgehalt von nur max. 0,007 % aufwiesen, kommt man doch ins Grübeln, ob der Bergbau auf Gold im Erzgebirge so bedeutend war, wie man aus dem Lied ableiten könnte. Blieb es doch darüber hinaus an so manch anderem Ort des Erzgebirges – trotz vielfältiger Unterstützung und Förderung durch die sächsischen Herrscher – sogar bei gänzlich vergeblichen Versuchen oder noch unbedeutenderen Ergebnissen der Bergbautätigkeit auf Gold als in dem Hohensteiner Revier.
Nun ist aber unbestritten, dass ein Teil der heute noch in Kirchen, Schlössern und Museen zu bewundernden kostbaren liturgischen Gefäße, Pokale und Schmuckstücke aus Gold gefertigt wurden, das im Erzgebirge gefunden wurde. Aber dieses Edelmetall wurde in den wohl meisten Fällen geseift. Dazu sei an dieser Stelle eingefügt, dass unter seifen die Gewinnung von nutzbaren Mineralien bzw. Erzen mit Hilfe von fließendem Wasser verstanden wird. Das entsprechende Bild aus dem im Jahr 1557 erschienenen Werk Agricolas „Vom Bergwerck XII Bücher“ veranschaulicht dabei wohl besser als viele Worte die schwere Arbeit der Seifner.
Bemerkenswert erscheint zudem in diesem Zusammenhang, dass im Erzgebirge – wie gleichfalls in den Sagen aus anderen Bergbaugebieten – in einer Vielzahl von Sagen von geheimnisvollen, in der Regel allein auftretenden Fremden erzählt wird, die das Gebirge durchstreiften. Sie suchten der Überlieferung nach vor allem nach Gold und Edelsteinen, aber auch nach manch anderem wertvollen Mineral. Auffallend ist, dass diese Fremden dabei nicht im eigentlichen Sinne bergmännisch tätig wurden. Sie verstanden es jedoch der Sage nach, die gesuchten Dinge auch in den den Einheimischen unbekannten Erscheinungsformen zu erkennen und es damit in ihrer Heimat zu großem Reichtum und zu Ansehen zu bringen. Diese Fremden werden der Überlieferung nach im Allgemeinen Walen, Venediger, Venetianer, schlechthin auch Italiener genannt. Als Beispiel für diese Aussage sei anschließend die Sage vom goldenen Lamm angeführt. Eine Klärung des Zusammenhangs zwischen den Walensagen und dem Bergbau im sächsischen Erzgebirge steht noch aus. Interessanterweise gibt es in diesem Zusammenhang auch Vermutungen, wonach es sich bei den so genannten Walenbüchern – Bücher, in denen auf mehr oder weniger geheimnisvolle Art vermerkt wurde, wo Schätze zu finden sind – um Abschriften und ggf. Umbildung sehr alter Bergbücher handeln könnte.

Denkmal für die letzte verfahrene Schicht auf dem St. Lampertus Schacht zu Hohenstein-Ernstthal im Jahr 1910

Das goldene Lamm

In dem Dorf Fürstenwalde bei Lauenstein lebte vor langer Zeit ein Häusler namens Bär. Bei diesem kehrte viele Jahre lang immer wieder ein Fremder, angeblich ein Italiener, ein. Er hielt sich stets einige Wochen bei ihm auf. Im Flussbett der Müglitz suchte er dann in der Gegend von Kratzhammer abwärts bis an das so genannte Löwenbrückchen immer nach Goldkörnern und im Schlottwitzgrund nach edlen Steinen. Seine Bemühungen waren jedesmal von reichem Erfolg gekrönt. Bei seiner Abreise bezahlte er seinen Wirt stets reichlich. Einmal sagte er jedoch beim Abschied, dass er nun nicht wiederkommen werde. Zugleich lud er seinen Wirt ein, ihn doch einmal in seiner Heimat zu besuchen. Es werde sich schon Gelegenheit dazu finden.

Nach etwas mehr als einem Jahr erhielt Bär von seinem früheren Gast tatsächlich eine Nachricht. Er solle doch nach Teplitz kommen und sich dort auf der Post melden. Für ein Fortkommen und seine Beköstigung sei gesorgt. Der Häusler machte sich daraufhin auch sogleich auf den Weg und fand in Teplitz alles wie angegeben. So gelangte er schließlich in den Wohnort seines Freundes. Da er jedoch der Sprache nicht kundig war, hatte er dort große Mühe die Gasse und das Haus zu finden, wo der Mann wohnen sollte. Als er es endlich gefunden hatte, erschien es ihm viel größer und prächtiger als gedacht. Schließlich trat er doch ein, um sich zu erkundigen. Weil er aber eine gewöhnliche und nicht ansehnliche Kleidung trug, wurde er für einen Bettler gehalten und von einem Bediensteten aus dem Haus gewiesen. Als er nun nicht weiter wusste, hörte er aus dem Haus eine ihm bekannte Stimme rufen: „Vater Bär, bist du es?" Gleich darauf erschien auch sein alter Freund und nahm ihn herzlich auf. Doch Bär konnte sich inmitten all der Pracht und Herrlichkeit nicht so recht wohlfühlen und bat seinen Wirt, wieder Abschied nehmen zu dürfen. Da führte ihn dieser in ein Kabinett, in dem seine Schätze aufbewahrt wurden. Dort bat er Bär, sich unter mehreren aus reinstem Gold gefertigten Figuren eine auszuwählen und als Andenken mitzunehmen. Dazu sagte er, dass all diese Figuren aus den Goldkörnern gegossen seien, die er in Bärs Heimat gesammelt habe. Nach langem Zureden wählte Bär ein goldenes Lamm aus und kam mit diesem sowie mit einer kleinen Summe Geld, die ihm sein Wirt noch aufgedrungen hatte, wieder glücklich in seiner Heimat an.

Die Kunde von diesem goldenen Lamm gelangte hier auch bald bis zu dem damaligen Herren von Lauenstein und durch diesen wieder an den Kurfürsten. Dieser veranlasste Bär durch Zusage einer kleinen jährlichen Leibrente, ihm dieses ebenso kostbare wie kunstreich gearbeitete Stück abzutreten. Es soll daraufhin in die kurfürstliche Kunstkammer gekommen sein. Daselbst scheint es jedoch verlustig gegangen zu sein.

„Museum sächsisch-böhmisches Erzgebirge“ im Bergmagazin Marienberg

von Susann Hofmann

Eines der bedeutendsten Baudenkmäler der Stadt Marienberg ist das Bergmagazin am Kaiserteich. Das markante Gebäude am Rand des Stadtzentrums gilt als eines der wenigen noch erhaltenen Objekte bergbaulichen Ursprungs und ist somit ein wichtiges historisches Zeugnis der Bergstadt. Bis heute fasziniert der viergeschossige Bruchsteinbau im Inneren durch eine gewaltige, sämtliche Stockwerke durchziehende Holzbalkenkonstruktion.

In den Jahren 1806 bis 1809 wurde der heute als Bergmagazin bekannte Getreidespeicher auf Ansinnen des früheren Marienberger Bergmeisters Friedrich Wilhelm Heinrich von Trebra errichtet, um die Lebenslage der ansässigen Bergleute und ihrer Familien auch in den Jahren schlechter Ernten zu sichern. In den folgenden Jahrzehnten erfuhr das Haus eine wechselvolle

Das Bergmagazin in Marienberg

„Museum sächsisch-böhmisches Erzgebirge“ im Bergmagazin Marienberg

Geschichte. So fungierte es in den Jahren der napoleonischen Befreiungskriege als Lazarett für die durchziehenden Truppen. Nur wenige Schritte entfernt befindet sich der Gedenkobelisk für die 175 hier verstorbenen Soldaten. Bis Anfang des 20. Jahrhunderts nutzte die Garnisonsstadt Marienberg das Bergmagazin als Militärkammer und seit den 1920er Jahren für verschiedene gewerbliche Zwecke.

Nach einer umfassenden Rekonstruktion beherbergt das geschichtsträchtige Bergmagazin seit dem Jahr 2006 in seinen Mauern das „Museum sächsisch-böhmisches Erzgebirge“. Die hier präsentierte Dauerausstellung ist dank ihres deutsch-tschechischen Charakters einmalig in der Region. In einer aufwändig gestalteten Symbiose aus historischen Exponaten und Dokumenten sowie moderner Ausstellungstechnik in Ton und Bild dokumentiert die Schau in deutscher und tschechischer Sprache die erzgebirgische Kulturgeschichte.

Unter dem Motto „Erzgebirge – Biografie einer Region“ erwartet den Besucher eine grenzüberschreitende Reise durch das sächsische und das böhmische Erzgebirge, um auf diese Weise Alltagsleben und Volkskultur der hier ansässigen Bevölkerung kennen zu lernen. Thematisiert werden die wechselseitigen nachbarschaftlichen Beziehungen seit dem Mittelalter bis in die Gegenwart. Einen besonderen Schwerpunkt unter der Überschrift „Deutsche und Tschechen – Biografie einer Nachbarschaft“ bildet die umfassende Dokumentation der politischen Geschichte des 20. Jahrhunderts, die in den Regionen beiderseits der Grenze bis heute ihre Spuren hinterlassen hat. Darüber hinaus berichtet das Kapitel „Marienberg – Biografie einer Bergstadt“ ausführlich über die Gründung und Entwicklung der Stadt vor dem Hintergrund des Bergbaus, das hiesige Handwerk und Gewerbe sowie die Kultur ihrer Bewohner. In diesem Zusammenhang erzählen die Mauern des Bergmagazins unter der Rubrik „Biografie eines Hauses“ zudem die eigene wechselvolle Geschichte des historischen Gebäudes, das nun seine Bestimmung als Ort der Entdeckung, Bildung und Begegnung gefunden hat.

Ein Besuch der Grube Himmelfahrt bei Freiberg

Ein Bericht aus dem letzten Jahrzehnt des 19. Jahrhunderts von Hans Blume

Schon morgens vier Uhr ertönt der Klang des Bergglöckleins. Zwar ist es nicht mehr das alte, das in Freibergs Blütezeit zur Arbeit rief, aber man hat nicht versäumt, auch in das neue die Worte einzugraben, die auf dem alten standen:

„Auf, auf! Zur Grube ruf ich euch; ich, die ich oben steh’!
So oft ihr in die Tiefe fahrt, so denket in die Höh’.“

Denn die Mahnung gilt auch heute noch.

Für mich freilich ist die Zeit zur Einfahrt noch nicht gekommen; denn um fünf Uhr beginnt die Schicht der Bergleute, und erst müssen diese an ihre Arbeitsstätten gelangt sein, ehe ich in die Tiefe steigen kann. Gegen sieben Uhr gehe ich hinaus zur Grube Himmelfahrt und lasse mir im Amtsstübchen eine Erlaubniskarte zum Besuch des Bergwerkes ausstellen. Die Beamten tragen den schwarzen Bergkittel – sind sie doch auch Bergleute und zwar „von der Feder“; die in der Grube thätigen sind Bergleute „vom Leder“.
Im benachbarten Huthause lege ich bergmännische Tracht an. Ein Paar weite Hosen werden übergezogen, dann kommt der Bergkittel an die Reihe, dessen Ärmel vorn zugeknöpft werden. Darüber wird das Bergleder geschnallt, das meine Kleider schützen soll, wenn ich etwa einmal ins Rutschen käme. Um den Hals giebt mir der Hutmann einen Lederriemen, an den die „Blen-

Die Einfahrt in den Schacht nach E. Heuchler, um 1850

de" mit dem Öllämpchen gehängt wird. Dann suche ich mir eine passende Kappe unter den vorhandenen dicken Filzen aus – und der Bergmann ist fertig.

Unterdessen ist auch mein Führer angelangt, und wir beide gehen hinüber nach dem Elisabethschachte, um dort in die Tiefe zu fahren. Die Bergleute im Schachthause begrüßen uns mit „Glückauf!". Nachdem unsere Lampen angezündet sind, steigen wir hinab, zum Teil auf Leitern, zum Teil auf Steinstufen. Der Schacht, den wir befahren, ist etwas schräg und für die des Steigens ungewohnten Fremden bequemer als die ganz senkrechten Schächte. Er ist durchaus in den Gneisfelsen eingehauen, ohne Mauerung. Von 48 zu 48 m gehen Seitenstrecken ab. Zu unserer Linken hat der Schacht noch zwei Abteilungen, in denen sich Kästen (Tonnen) zur Erzförderung mit lautem Getöse an einem Drahtseile auf- und niederbewegen.

Nachdem wir etwa 40 Minuten abwärts gestiegen sind und in dieser Zeit sechs- bis siebenhundert Leitersprossen oder Stufen zurückgelegt haben, gelangen wir wieder einmal auf eine Streckensohle und machen da Halt; denn hier läuft ungefähr 235 m unter Tage der weitberühmte Rothschönberger Stolln, der längste Tunnel der Welt, von dem freilich nur ein Ende, das sogenannte Mundloch, sich am Tageslichte befindet und zwar zu Rothschönberg im Triebischthale; bis dorthin leitet er alle die Wässer, die den Gruben des Freiberger Gebietes Gefahr bringen könnten. Die Stollnstrecke von Halsbrücke bis Rothschönberg ist 14 km lang, die zuführenden Teile in

Einfahren nach Agricola

den Gruben betragen zur Zeit etwas über 31 km. Der Stolln ist 3 m hoch und 2½ m, nur in dem allerletzten Teile 1½ m breit; sein Bau hat über 11 Millionen Mark gekostet. Von Zeit zu Zeit wird er von Aufsichtsbeamten in einem Kahne befahren.

Alles Wasser, das sich in Gängen und Bauten der Bergwerke ansammelt, die tiefer liegen als dieser Stolln, muß durch Pumpwerke heraufgehoben werden, um dann in demselben abfließen zu können. Die Kraft für diese Wasserhebungsmaschinen erhält man durch Wasser, welches im Gebirge in großen, im ganzen 5 Mill. cbm fassenden Teichen gesammelt und dann in Gräben (Röschen) nach den Gruben geführt wird, um dort die Wasserräder und Wassersäulenmaschinen zu treiben. Wenn in trocknen Sommern, wie im Jahre 1893, nicht genügend „Aufschlagwasser" zum Treiben der Maschinen vorhanden ist, so ersaufen in der Tiefe einzelne Teile der Grube, d.h. sie füllen sich ganz mit Wasser. Dann werden diese ersoffenen Gänge durch dicke Ziegelmauern von den anderen abgeschlossen, bis wieder genügend Wasserkraft vorhanden ist, um sie vom Wasser zu befreien. So ist Wasser des Erzbergmanns schlimmster Feind und doch auch sein hilfreichster Freund.

Wir öffnen nun die Fallthüre, die hier wie bei jeder Strecke teils des Luftzuges, teils der Sicherheit wegen in der Fahrt angebracht ist, und steigen weiter in die Tiefe bis zur achten Gezeugstrecke – so heißen diejenigen waagerechten Gänge, auf deren Boden das Wasser in Rinnen nach den „Kunstgezeugen" zufließt, um von diesen gehoben zu werden. Auf dieser Strecke wandern wir weiter fort. Noch ist uns kein Mensch begegnet. Hier unten könnte man stundenlang umhergehen, ohne jemand zu treffen; denn wenn auch die Belegschaft der Grube Himmelfahrt die Zahl 1500 übertrifft – in den vielen Gängen der Bergwerke zerstreut sich diese Menge außerordentlich. (Im Jahre 1892 waren bei sämtlichen Freiberger Gruben 4485 Beamte und Arbeiter thätig.)

Da leuchtet mein Führer an der Wand entlang, und ich sehe glitzerndes Erz; den „alten Gotthold" nennen die Bergleute diesen Gang. Hier ist derselbe noch nicht abgebaut. An anderen Stellen dagegen sehen wir nur auf der einen Seite der Strecke festen Fels, die andere Wand und die Decke bestehen aus Bruchsteinen, die mauerartig aufgebaut sind und durch Eisenschienen in ihrer Lage gehalten werden.

Hie und da ist die Strecke durch eine Thür geschlossen, die sich des starken Luftzuges wegen nur schwer öffnen läßt. Diese Abschlüsse sind notwendig, um die durch die Schächte eindringende Luft, die Wetter, zu zwingen, auch in die entlegeneren Strecken zu streichen, damit sich dort nicht sauerstoffarme „matte" oder gar zum Atmen ganz untaugliche „tote" Wetter bilden können.

Jetzt hören wir ein Rollen hinter uns und suchen eine Stelle, wo die Seitenwand der Strecke etwas ausgeweitet ist. Ein Licht kommt auf uns zu, ein Bergmann grüßt „Glückauf!" und ihm folgt ein Pferd, das fünf mit Erz beladene Karren (Hunte) zieht.

Es dauert nicht mehr lange, so kommen wir an den Abrahamschacht. Wo die Strecke auf denselben stößt, ist ein größerer Raum ausgebrochen worden, um Platz zu gewinnen für das „Füllort", bei dem das Erz in die Förderkästen geschüttet wird, um dann ans Tageslicht gebracht zu werden. Außer den beiden Bahnen für die Förderkästen und der Leiterfahrt sehen wir in diesem Schachte auch noch das „Kunstgestänge", das sind zwei Eisenstangen, die sich abwechselnd auf- und niederbewegen. Sie gehören zu den großen Pumpwerken, welche das Wasser aus der Tiefe herauszuheben haben. Mit diesen Stangen stehen zwei Balken in Verbindung, an denen Fußtritte und in entsprechender Höhe Handhaben angebracht sind, mittels deren man aufwärts oder abwärts fahren kann.

Wir wollen noch weiter in die Tiefe, öffnen die Fallthüre am Boden und steigen auf einer Leiter bis zu einer Bretterbühne hinab, neben der wir wieder das Kunstgestänge sehen. Hier erblicken wir auch die großen Rohre, in denen das Wasser in die Höhe getrieben wird. Nun betritt der Führer den uns zunächst liegenden Balken der Fahrkunst und wird von demselben langsam in die Tiefe getragen. Ich warte, bis der Balken wieder heraufkommt, und steige auf den Fußtritt. Jetzt bewegt sich der Balken abwärts, und währenddessen kommt der Nachbarbalken in die Höhe, bis sich ein Fußtritt an demselben ebenso hoch als der meinige befindet. Ich greife rasch hinüber und steige auf jenen Fußtritt, und jetzt bewegt sich der Balken, auf dem ich stehe, abwärts, und der andere geht hinauf. Wenn nun wieder der Zeitpunkt kommt, daß sich mein Balken aufwärts bewegt, so muß ich auf den anderen treten, der in die Tiefe geht, und immer so fort. Als Neuling versehe ich's einmal, bleibe stehen, und der Balken hebt mich mit in die Höhe. Nun muß ich warten, bis mein Balken sich wieder herabbewegt hat, und dann fahre ich auf dem anderen weiter. Nach 12 m kommt eine Bühne auf der anderen Seite der Fahrkunst, auf der wir absteigen müssen, um durch eine Leiter zum nächsten Absatz zu gelangen, von dem wir weiter fahren können. Die Benutzung der Fahrkunst ist zwar nicht ganz gefahrlos – ein Fehltritt stürzt uns in die Tiefe – aber doch viel angenehmer als das fortwährende Steigen auf der Leiter. Die Leitern im Abrahamschachte sind nämlich alle naß und lehmig; denn er ist ein ausziehender Schacht, in dem die Wetter nach oben strömen, während die einziehenden Schächte, in denen die Luft nach der Tiefe geht oder getrieben wird, stets trocken sind.

In kurzer Zeit gelangen wir bis zur elften Gezeugstrecke, etwa 500 m unter Tage. Auf dieser gehen wir nun weiter und kommen bald an einen Bau, wo Bergleute und zwar Häuer bei der Arbeit sind. Aus der Seitenwand der Strecke ist das Erz herausgeschlagen worden, und wir klettern über die am Boden liegenden Stücke in dem entstandenen engen Gang mühsam aufwärts. Es ist gut, daß ich die dicke Kappe auf dem Kopf habe, sonst würde ich manchmal durch Anstoßen an die Decke zu leiden haben. Der Bau ist schon durchschlägig, d.h. es ist schon soweit, dem Erzgang folgend, schräg nach oben Erz losgelöst worden, daß man in der nächsthöheren Strecke herausgekommen ist. Dieser Abbau von unten nach oben ist deshalb bequem, weil man das losgesprengte Erz nur in dem entstehenden Gange nach unten zu rollen braucht, wo es dann zerkleinert in die Hunte verladen und an den Schacht gefahren wird. Früher, wo man dem Erzgange von oben nach unten folgte, mußte man das gewonnene Erz und das taube Gestein (die Berge) mühsam mit Winden bis zur Strecke heraufschaffen. Durch einen ebensolchen Bau in der Nähe klettern wir dann wieder hinunter in die tiefere Strecke. „Macht gesund Schicht!" grüßen wir die Bergleute beim Weggange, und „Fahrt gesund aus!" erklingt ihr Gegengruß. Etwas weiterhin sehen wir einen einzelnen Bergmann vor Ort. Sein Oberkörper ist ganz nackt wegen der hier unten herrschenden großen Wärme (20° R.) Der Häuer schlägt mit seinem Hammer oder Fäustel auf den fast meterlangen Bohrer, um tiefe Löcher ins Gestein zu bohren, die darauf mit Dynamit gefüllt werden. Ehe die Leute um drei Uhr ihre Schicht beenden, wird gesprengt, und dann füllt den ganzen Nachmittag der dicke Dynamitqualm die Gänge.
Später gelangen wir in eine Strecke, in der oben ein eisernes Rohr hineinläuft, welches Preßluft enthält für die Bohrmaschine, zu der wir jetzt gehen. Schon hören wir ein fernes, tiefes Summen, das immer lauter und lauter wird, bis wir zu der Maschine selbst gelangen. Vor ihrem Höllenlärm ist kein Wort zu verstehen. Zwei Arbeiter bedienen die kleine Maschine; der eine leitet den Bohrer, der von der Preßluft ins Gestein gedreht wird (in der Minute 6–7 cm tief), während der andere Wasser ins Bohrloch spritzt, damit der Bohrer sich nicht heiß dreht.
Nachdem wir eine Weile zugeschaut haben, treibt uns der Lärm von dannen, und bald kommen wir an den Turmhofschacht mit seinen großen, an Drahtseilen hängenden Fördergestellen. Eben langt das eine unten an, und die darin befindlichen, übereinander stehenden Hunte werden herausgefahren. Dann steige ich mit dem Führer in einen leeren Hunt, und die Leute fahren uns ins Gestell hinein. Ein Zug an der Klingel – das Gestell bewegt sich so weit in die Höhe, daß auf den unteren Boden desselben ein Hunt mit Erz

gefahren werden kann – noch ein Klingeln, und die Fahrt geht nach oben. Der Fels und die Balken des Schachtes gleiten rasch an uns vorüber, und doch geht die Fahrt verhältnismäßig langsam, weil der Maschinenmeister weiß, daß Leute im Gestell sind. Nach 3½ Minuten sehen wir das Tageslicht. Das Gestell wird geöffnet, unser Hunt herausgefahren, und mit „Glückauf!" entsteigen wir demselben. Ich bewundere die große Maschine, welche die Förderung zu besorgen hat, und verfolge mit Interesse den Tonnenstandszeiger an derselben. Dieser besteht aus einem Modell der beiden Fahrbahnen des Schachtes und der Gestelle in denselben. Während das eine nach unten geht, bewegt sich das andere nach oben; hier kann der Maschinenmeister stets sehen, wo jedes der beiden Gestelle sich im Schachte befindet.
Nun verabschiede ich mich mit Dank von meinem Begleiter, ziehe mich im Huthause um und eile der Stadt zu. Beim Eingang zum Donatsfriedhofe begegnet mir ein ernster Zug. Ein Bergbeamter wird zur letzten Ruhe geleitet. Das Musikchor spielt den Trauermarsch aus dem Bergmannsgruße:

„Leb' wohl, leb' wohl du Bergmannskind!
Du hast vollbracht den Lauf,
Treu warest du und brav gesinnt,
Drum rufen wir: Glückauf!

Zum letzten Mal fährst du an
Und fährst nicht mehr herauf,
Drum grüßt dich auf der dunklen Bahn
Ein inniges Glückauf!

Doch schloß sich auch dein Auge hier,
Dort thut sich's wieder auf.
Wir alle, alle folgen dir
Und grüßen dich: „Glückauf!"

Dem Sarge folgen Freunde des Verstorbenen im Paradeanzuge. Alle tragen auf dem Haupte den grünen Schachthut, den schon die Harzer Bergleute zur Zeit Heinrichs des Finklers getragen haben. Bei manchen findet sich auf demselben ein schwarz und gelber Federstutz. Eine weiße Leinwandhaube fällt vom Hute auf den Nacken. Der Bergkittel der oberen Beamten ist reich mit goldenen Tressen verziert. An der Seite hängt ein kostbarer Säbel, und in der Hand tragen sie die beilartige „Barte", mit der einst die Väter im Dreißigjährigen Kriege den schwedischen Feind von den Wällen der Stadt zurückschlugen.

Wie aus Bergleuten Männelmacher wurden

Als der Bergbau seine Leute allein nicht mehr ernähren konnte, mussten sich diese eine Nebenbeschäftigung suchen. Wie auch anderwärts im Erzgebirge wandten sich zahlreiche Seiffener der Holzbearbeitung zu. Nach manchen Erzählern sollen dabei die Anfänge bis in das 16. Jahrhundert reichen. Auch sagt man, dass sich im 18. Jahrhundert Seiffener Bergleute in ihrer Freizeit mit dem Drechseln von hölzernen Hemdenknöpfen und Knöpfen für die Bergmannskittel, mit den Anfertigen von Nadel- und Federbüchsen sowie anderen Gebrauchsartikeln befassten.
Nun lebte in Seiffen einst ein Leinwarenhändler, der mit seinen Waren weit umherzog und auch die Leipziger Messen und andere Märkte besuchte. Dieser kam im Jahre 1760 auf den Gedanken, die in seinem Heimatort gefertigten Nadelbüchsen mit feilzubieten. Bald fand er für diese einen so guten Absatz und erhielt zudem noch so viele Bestellungen, dass er auch andere Seiffener zur Fertigung von Nadelbüchsen auffordern musste. Nach und nach erweiterte sich der Betrieb immer mehr, und es wurden auch andere

Reifendreherei im Freilichtmuseum Seiffen

Artikel, vor allem Spielwaren, hergestellt. Letztere waren schließlich in aller Welt so begehrt, dass in der Mitte des 19. Jahrhunderts 3000 Menschen in Seiffen und Umgebung mit der Spielzeugherstellung befasst waren.
Glücklicherweise wird auch heute noch diese Tradition in Seiffen gepflegt und zieht vor allem zur Weihnachtszeit tausende Menschen an. Wer sich aber in Ruhe mit dieser traditionellen Produktion befassen möchte, sollte einmal in der Sommerzeit den Ort aufsuchen und in einer der zahlreichen Schauwerkstätten und vor allem in der Reifendreherei im Museumsdorf den Menschen über die Schulter schauen.

Ein „sagenhaftes“ Führungsinstrument

Eine Bemerkung vorab: Mit der obigen Überschrift soll keine Abhandlung über ein wissenschaftlich begründetes Instrumentarium suggeriert werden. Vielmehr soll – eingeordnet in die mit der vorliegenden Publikation verbundene Zielstellung – mit diesen Zeilen einmal der Blick dafür geschärft werden, was bereits unsere Vorfahren auf diesem so modern und neuzeitlich anmutenden Gebiet zu leisten vermochten .
Bekanntlich dienten die Sagen in einer Zeit, als Lesen und Schreiben noch nicht zu den allgemein verbreiteten Kenntnissen und Fähigkeiten gehörten, nicht nur der Unterhaltung an den Feierabenden. Vielmehr waren sie auch ein wesentliches Element, um Wissen und Verhaltensweisen wirksam „unter das Volk“ zu bringen. Was lag also näher, als diese auch für die „Erziehung“ des Bergvolkes zu nutzen. Ein schönes und illustratives Beispiel dafür findet sich in den Bergmannssagen des Erzgebirges: *Der Berggeist – an dessen Existenz in der damaligen Zeit wohl die allermeisten Bergleute glaubten – sorgt in den Gruben für Ordnung und Sicherheit. Alle Verletzungen derselben werden durch ihn hart bestraft. Insbesondere duldet er kein Pfeifen, kein Fluchen, kein Schelten sowie überhaupt keinen unnützen Lärm in seinem Gebiet.* Nun ist ein Verbot des Fluchens und Scheltens ja durchaus noch nachvollziehbar. Aber warum soll ein Bergmann nicht pfeifen, zumal wenn er allein vor Ort ist? Die Bedeutung dieser Verhaltensgebote wird jedoch schnell verständlich wenn man weiß, dass in den Gruben vor eintretenden Brüchen – bedingt durch Wetterführung in den Klüften – bestimmte pfiffartige Laute entstehen. Man pfeift deshalb nicht unter Tage, weil dies als irreführendes Signal gedeutet werden könnte. Wie leicht kann aber auch dieses Signal überhört werden, wenn unnötiger Lärm herrscht! Und ist es nicht – eingeordnet in die Vor-

stellungswelt vergangener Zeiten – wirkungsvoller, dass dies der in den Gruben allgegenwärtige Berggeist nicht leidet und hart bestraft, als ein kaum kontrollierbares Verbot auszusprechen? Wie nachhaltig die Wirkung gerade dieser Sage war, wird auch daraus ersichtlich, dass der damalige Bergwerksdirektor Otto Pütz noch zu Beginn des 20. Jahrhunderts folgendes schrieb: „Mir selbst wurde noch von einem Bergmann im Jahre 1900, als ich in einer Freiberger Erzgrube als blutjunger, lebenslustiger Student einmal ein Liedchen pfiff, dies mit dem Bemerken verboten, das störe den Berggeist. Heute vermag ich weit besser nachzuempfinden, welches Gefühl den alten biederen Bergmann bei meinem pietätlosen Verhalten durchzuckte, als damals als junger Bergbaubeflissener."

Als ein weiteres Beispiel für die Popularisierung von erwünschten Verhaltensweisen unter den Bergleuten sei die Sage „Die alte Mordgrube zu Freiberg" angeführt. Wird doch hier sehr eindrucksvoll – und in der damaligen Zeit zugleich sehr wirksam – ein im Jahre 1350 erfolgter „Erdfall" vor den Toren Freibergs mit der nicht erwiesenen Ehrbezeugung durch die bei einem Zechenhaus Feiernden gegenüber der vorbeigetragenen Monstranz verbunden: ... *Obwohl nun der Glöckner das übliche Zeichen mit dem Glöckchen gab, achtete keiner der Tanzenden und der Zuschauer darauf. Nur der Fiedler, der zum Tanze aufspielte, beugte die Knie, um dem heiligen Sakrament die Ehre zu erweisen. Wegen dieses Frevels hat sich aber die Erde aufgetan und die gesamte Gesellschaft lebendigen Leibes verschlungen. Nur der Fiedler konnte sich auf einem kleinen Hügel so lange halten, bis man ihm zu Hilfe kam* ... Eingeordnet in deren Religiosität mag sich jeder Leser selbst ausmalen, wie diese Sage auf die damals lebenden Menschen wirkte.

In weiteren Sagen findet die „Verteufelung" eines unmäßigen Alkoholkonsums ihre Widerspiegelung. Typisch dabei ist in der Regel die Aussage, dass bei aller Freude am „normalen" Biergenuss übermäßiges Saufen durch den Teufel – als Inkarnation alles Bösen – hart bestraft wird. Und dies war in der Blütezeit der Sagen mit Sicherheit wirksamer als manch eine heute betriebene Gesundheitsaufklärung! Beispiele für die Verdammung eines übermäßigen Biergenusses sind u.a die Sagen „Der Teufel ängstigt zu Freiberg einen Bergmann" und „Der Berggeist am Donat zu Freiberg".

Bei der aufmerksamen Beschäftigung mit dem Sagenschatz wird man zudem zahlreiche weitere Beispiele dafür finden, wie durch Ausnutzung von den in der damaligen Zeit allgemein verbreiteten Anschauungen und Auffassungen bestimmte und wünschenswerte Verhaltensweisen „propagiert" wurden. Vielleicht sollte man sich einmal ein Sagenbuch auch unter diesem Aspekt anschauen.

Ein Wandervorschlag der besonderen Art

Stehen bei den zahlreichen und immer wieder auf eine andere Art faszinierenden Touren im Reich des erzgebirgischen Altbergbaus meist die Zeugnisse der von unseren Altvorderen auf diesem Gebiet erbrachten Leistungen im Mittelpunkt, kann bei einer Tour im Greifensteingebiet auf eine ganz besondere Art Bergbau- und Naturerlebnis verbunden werden.
Ausgangspunkt der Tour ist der Greifenbachstauweiher – auch als Damm-, Großer oder Geyerscher Teich bekannt. Hierbei handelt es sich um eine alte Bergwerksanlage, die bereits Mitte des 14. Jahrhunderts angelegt wurde. Der

Röhrgrabensteiger im vorigen Jahrhundert

Weiher diente dabei als Rückhaltebecken vor allem zur Regulierung des mit dem Röhrgraben zu den Gruben im Greifenbachtal und im Gebiet von Ehrenfriedersdorf, besonders am Sauberg, geführten Aufschlagwassers. Heute ist er nicht nur ein beliebtes Naherholungsgebiet, sondern wird nach wie vor zur Wasserversorgung genutzt.
Auf dem gegenüber der Dammkrone des Geyerschen Teiches beginnenden Greifenbachweg geht es durch herrliche Waldungen zum Greifensteinstollen (weiß-rot-weiße Markierung). Nach ca. 1 km überquert dieser Weg den Röhrgraben. Seine ebenfalls im 14. Jahrhundert vollzogene Planung, Vermessung und sein Bau ringen auch den heutigen Besuchern immer wieder Bewunderung und Anerkennung für die von den Bergleuten aus dem Erzgebirge vollbrachten Leistungen ab. Auch deshalb empfiehlt sich, an dieser Stelle den Weg zu verlassen und weiter auf dem den Röhrgraben begleitenden Steg zu laufen. Dabei sollte sich der Wanderer einmal vergegenwärtigen, was es bei dem damaligen Stand der Vermessungstechnik bedeutete, ein derartiges Werk zu vollbringen. Hinzu kommt, dass der Graben ja auch unterhalten werden musste. So genannte Grabensteiger hatten bei Wind und Wetter den Graben täglich zweimal abzulaufen, um den Zulauf des Wassers zu regulieren, evtl. Schäden am Graben zu beheben und im Winter Eisbarrieren zu vermeiden – übrigens eine Aufgabe, die im Grundsatz auch heute noch zu bewältigen ist. Zwar wurde die Zinngrube auf dem Sauberg bereits 1990 stillgelegt und auch all die anderen Gruben im Greifenbachtal sind nur noch Geschichte. Aber dennoch führt nach über 600 Jahren auch heute noch der Röhrgraben auf einer Strecke von 5 km und einem Gefälle von insgesamt nur 40 m (!) das nötige Betriebswasser auf den Sauberg sowie in das dortige Gewerbegebiet und in das Ehrenfriedersdorfer Schwimmbad.
Vorbei an Resten früherer Bergbautätigkeit (mit aufschlussreichen Informationstafeln) führt der Weg zunächst bis zum Greifensteinstollen. Ein sehr schön hergerichtetes Mundloch, der herrliche Blick in die Weiten des Erzgebirges sowie die an dieser Stelle mögliche gastronomische Betreuung laden nochmals zu einer Rast ein. Von hier aus führt ein gut ausgeschilderter Weg bis nach Ehrenfriedersdorf.
Wer gut zu Fuß ist, sollte jedoch den kurz nach dem Greifensteinstollen ausgeschilderten Aufstieg zu den Greifensteinen nicht scheuen. Vor dem Erreichen dieser interessanten Felsformation verlockt allerdings noch ein Hinweisschild zu einem kurzen Umweg. Befindet sich doch rd. 300 m vom Weg entfernt die Stülpnerhöhle. Dieser Rest alter Bergbautätigkeit soll der Überlieferung nach von dem Wildschützen als Winterlager benutzt worden sein. *(s. dazu auch den nächsten Beitrag)*

Wegweiser am Röhrgrabenweg

Die Felsformation der Greifensteine selbst hinterlässt bei den Besuchern immer wieder einen tiefen Eindruck. Die noch vorhandenen sieben 20 bis 30 m hohen Felsen sind Verwitterungsreste eines ehemals kompakten Massivs, wobei der Aussichtsfelsen mit seinen 732 m ü. NN zugleich der höchste Punkt im Landschaftsschutzgebiet ist. Ausgehend von ihrer eigenartigen Form förderten diese Felsen naturgemäß die Herausbildung von Sagen. Am bekanntesten ist dabei sicherlich die vom Untergang der in früheren Zeiten auf den Greifensteinen befindlichen Burg. Dabei waren sich Historiker sogar lange Zeit darüber einig, die Existenz einer hier befindlichen Burg gänzlich in den Bereich der Sage zu verweisen. Erst die seit 1970 durchgeführten Sondierungsgrabungen lieferten den Beweis für die in Vorzeiten vorhandene Befestigungsanlage. In dem neben dem Aussichtsfelsen befindlichen Heimatmuseum sind dabei geborgene Fundstücke zu betrachten. Der Besuch des Bergtheaters sowie eines Kletterwaldes können – jahreszeitabhängig – weitere Ansatzpunkte für eine interessant und abwechslungsreich gestaltete Tour bilden. Auch eine ganzjährig geöffnete gepflegte Berggaststätte befindet sich hier. Von hier aus kann sodann auf direktem Weg wieder bis zu dem Geyerschen Teich gelaufen werden.

Was Karl May und den Stülpner-Karl mit dem Bergbau verbindet

Um es gleich vorweg zu nehmen: Bergleute waren beide Sachsen nicht. Aber der Bergbau spielte im Leben sowohl von Karl May als auch von Karl Stülpner insoweit eine Rolle, indem beide Männer Überreste früherer Bergbautätigkeit zeitweilig als Versteck benutzt haben bzw. benutzen mussten. Dadurch erlangten aber zugleich in späteren Jahren beide, den damals gesuchten Männern Schutz bietende Bergbau-Restlöcher Berühmtheit und locken heutigentags zahlreiche Touristen an.
Die Karl-May-Höhle in Hohenstein-Ernstthal ist ein um das Jahr 1620 im Zusammenhang mit Erkundungsarbeiten von Bergleuten in den Kieferberg getriebener Stolln. Da die Arbeit jedoch nicht die erhoffte Ausbeute versprach, wurden die Bemühungen wieder aufgegeben. Schließlich blieb nur im Volksmund die Erinnerung an die „Eisenhöhle“ noch lebendig. Auch von einer Räuberhöhle wurde im Zusammenhang mit dem aufgelassenen Stolln so manche Mär erzählt, soll er doch im 18. Jahrhundert als Versteck für geraub-

Karl-May-Höhle

tes Gut gedient haben. Als nun Karl May im Jahr 1870 nach verschiedenen Betrügereien und wegen Diebstahls auf der Flucht war und nach einem Versteck suchte, fand er dies in der bewussten Höhle. Zur Erinnerung an den Aufenthalt des später berühmt gewordenen Schriftstellers trägt der Stolln seit 1936 den Namen Karl-May-Höhle. Übrigens hat Karl May in seiner Erzählung „Die Rose von Ernstthal" der Höhle auch ein literarisches „Denkmal" gesetzt. Die Höhle selbst findet der interessierte Besucher in dem nördlich von Hohenstein-Ernstthal gelegenen Oberwald am Fuße des bereits erwähnten Kieferbergs. Sie ist zudem Teil des informativen Karl-May-Wanderweges, der am Geburtshaus des Schriftstellers in Hohenstein-Ernstthal beginnt. Fragen dazu werden gern von den Mitarbeitern des Karl-May-Hauses, Karl-May-Straße 54 in 09337 Hohenstein-Ernstthal beantwortet.

Ein im Greifensteingebiet bei Ehrenfriedersdorf liegendes Zeugnis mittelalterlichen Bergbaus ist durch seinen prominenten „Besucher" nicht minder berühmt geworden. Soll doch eine inmitten ausgedehnter Waldungen liegende Abbaustelle aus der Zeit des einst hier betriebenen Zinnbergbaus Karl Stülpner – oder wie die Erzgebirgler sagen dem Stülpner-Karl – als Zu-

Stülpner-Höhle

fluchtstätte gedient haben. Brauchte doch der Wildschütz nicht nur ein Versteck, um seine Beute zu sichern. Vielmehr musste er selbst oft genug untertauchen, damit er dem Zugriff der auf ihn angesetzten Häscher entgehen konnte. Denn auf Wilddieberei standen hohe und vor allem auch äußerst grausame Strafen. Nun mag ja auf den ersten Blick das Leben in so einer Höhle recht romantisch erscheinen. Aber dass es kein Zuckerschlecken war, vermag schon ein kurzer Besuch – selbst in den Sommermonaten – dieser, bereits 1906 für Touristen zugänglich gemachten Höhle zu vermitteln. Zudem wird in zahlreichen literarischen Werken versucht, die mit diesem Leben verbundenen Erschwernisse dem Leser nahe zu bringen. Genannt seien in diesem Zusammenhang u.a.

K.A. Findeisen: Der Sohn der Wälder, Leipzig 1934
H.H. Wille: Der Sohn der Wälder, Berlin 1956
K. Sewart: Mich schießt keiner tot, Chemnitz 1994

Übrigens: Ein Besuch der Karl-Stülpner-Höhle kann gut eingebunden werden in eine Wanderung auf den Spuren des Altbergbaus im Greifensteingebiet. *(s. vorstehenden Beitrag)*

Die Gründung der Bergstädte im Spiegel der Sagen

Die erzgebirgischen Bergstädte gehören wohl mit zu den beeindruckendsten Zeugnissen der Jahrhunderte währenden Bergbautätigkeit in der Region. Nicht nur ihre in der Regel planmäßige Anlage sowie ihre prächtigen Kirchen und Profanbauten bieten dabei interessante und abwechslungsreiche Ansatzpunkte für individuelle Erkundungen. Nun können zwar heutigentags alle Interessenten, die sich mit gebotener historischer Exaktheit über die Gründung der erzgebirgischen Bergstädte und ihre Entwicklung informieren möchten, auf ein überaus umfangreiches, breit gefächertes und wissenschaftlich belegtes Quellenmaterial zurückgreifen. Aber was erzählte man sich eigentlich in vergangenen Zeiten im „Bergvolk" darüber? Was war in dem Glauben der damals lebenden Menschen im Vorfeld der Stadtgründung geschehen? Dank all der mehr oder weniger bekannten Sammler von Sagen und Überlieferungen ist für die heutige Zeit aber auch auf diesem Gebiet viel bewahrt worden, was einen relativ guten Einblick in die Vorstellungswelt unserer Vorfahren ermöglicht. Um jedoch auch dieses Kapitel nicht über Gebühr auszudehnen, wurde wiederum lediglich „eine geziemende Auswahl" – wie es in alten Bergkalendern treffend heißt – dieser Sagen in die vorliegende Publikation aufgenommen.

Die Entdeckung der Altenberger Zwitter

Als im Jahre 1458 in dem Wald, der damals dem Herrn Walzig von Bärenstein gehörte, ein Köhler einen Meiler auf einem mächtigen flachen Gang zugerichtet hatte, fand dieser beim Ausstoßen desselben Zinn. Waren doch die zutage getretenen Zwitter, die der Köhler bei seinem Kohlebrennen lange Zeit zum Unterlegen gebraucht hatte, durch die lange Hitze nach und nach zermalmt und mürbe geworden. Auf diese Weise kam schließlich „berglauter Zinn" zum Vorschein. Dadurch ist der so genannte Zwitterstock zum Altenberg unvermutet fündig geworden. Nachdem die Nachricht von diesem reichen Zinnvorkommen durch das Land erscholl, haben sich viele Bergleute an dem Platz niedergelassen und die Stadt Altenberg gegründet.

Anlässlich der 400-Jahr-Feier der Stadtgründung wurde übrigens an dem ehemaligen Standort des Meilers ein Gedenkstein errichtet. Man findet ihn heute neben dem Bergbaumuseum, und er trägt die Inschrift:

In dankbarer Erinnerung
an den
1458
an diesem Punkte fündig
gewordenen Zinnbergbau
Altenbergs
den 13. August 1858

Wie es zur Gründung von Annaberg kam

I.

Als noch dichte Waldungen den Bielberg und seine Nachbarn bedeckten, lebte in dem Dorf Frohnau ein Bergmann, Daniel Knappe mit Namen. Dieser war fromm und brav, aber sehr arm. Er hatte sieben Kinder, und sein Weib war krank. Bald wusste er nicht mehr, wie seine Not enden sollte. Als er nahe daran war, an der göttlichen Hilfe zu zweifeln, erschien ihm im Traum ein Engel. Dieser sprach zu ihm: „Gehe morgen in den Wald! Am Fuße des Schreckenberges ragt eine Tanne hoch über alle Bäume des Waldes hervor. In ihren Ästen wirst du ein Nest mit goldenen Eiern finden. Dies ist dein, gebrauche es wohl!“

Rückseite des Bergaltars der St. Annenkirche in Annaberg (Ausschnitt)

Als Daniel am anderen Morgen erwachte, erinnerte er sich des Traums und ging sofort in den Wald. Bald hatte er auch die ihm im Traum bezeichnete Tanne in der Nähe der Wolfshöhle gefunden. Rasch kletterte er bis in den Wipfel hinauf, aber das ihm im Traum verheißene Nest mit den goldenen Eiern fand er nicht. Traurig, dass ihn der Traum getäuscht hatte, kletterte er wieder herab. Er setzte sich auf die Wurzeln des Baumes und sann über den schönen Traum nach. Dabei fiel ihm ein, dass mit den Zweigen wohl auch die Wurzeln der Tanne gemeint sein könnten. Bald wurde diese Vermutung zum festen Glauben. Eilig lief er daraufhin heim und holte das Gezäh zum Schürfen. Er begann auch sofort mit dem Schurf. Kaum hatte er die Dammerde durchbrochen, als ihm mächtige, nach allen Seiten streichende Silbergänge entgegenblinkten. Da sank er auf die Knie und dankte Gott.
Bald war die Kunde von dem neu entdeckten Bergreichtum in allen Landen verbreitet. Viele zogen herzu, um sich in der bisher so unwirtlichen Gegend anzusiedeln. Dies veranlasste Herzog Georg den Bärtigen, im Jahre 1496 eine neue Bergstadt zu gründen. Diese hieß Neustadt am Schreckenberg. Später wurde sie jedoch in Annaberg umbenannt.
Zum Andenken an Daniel Knappe wurden die Bergleute aber fortan im Allgemeinen Knappen genannt, und ihre Gemeinschaft hieß Knappschaft.

II.

Zur Zeit Friedrich des Weisen lebte im oberen Erzgebirge, nicht weit vom Schreckenberg, ein alter, schlichter Bergmann mit Namen Daniel Knapp. Nach frommer Sitte beugte er jeden Abend vor dem Muttergottesbild seine Knie. Als er dies eines Abends wieder getan hatte, erschien ihm im Traum die heilige Mutter Anna. Sie gebot ihm, an der Stelle, die sie ihm im Traume wies, einzuschlagen.

Verwundert über den seltsamen Traum machte sich der Bergmann am nächsten Morgen zu Fuß nach Wittenberg auf, wo damals gerade der Kurfürst weilte. Zagend trat Daniel Knapp vor denselben und bat, seinen Traum erzählen zu dürfen. Dieser hörte dem Bergmann aufmerksam zu. Wenig später folgte er mit seinem Kanzler Daniel, begleitet von Rittern und anderen Herren. Am Fuße des Schreckenberges, an der ihm im Traum offenbarten Stelle, schlug sodann der Bergmann kräftig ein. Bald schon strahlte dem Kurfürsten und seinen Begleitern heller Silberglanz entgegen.

Zur Erinnerung an den wunderbaren Fund ließ der Kurfürst die so genannten Engelsgroschen prägen. Aus den Ansiedlungen, die in der Nähe des silberreichen Schreckenberges gegründet wurden, entwickelte sich wenige Jahre später die Stadt Annaberg.

(s. auch: Sagenhaftes von der Wünschelrute und vom Bergspiegel)

Was einen Fuhrmann mit der Gründung von Freiberg verbindet

In der Zeit um das Jahr 1168 ist ein Fuhrmann aus Goslar - manche sagen auch ein sächsischer Fuhrwerkslenker - mit einer Ladung Salz von Halle ins Böhmische gefahren. Fast an der Grenze des Böhmischen Gebirges, etwa in der Gegend, wo sich heutigentags Freiberg befindet - fand der Fuhrmann in einem Wagengleis ein Geschiebe von gediegenem Glanz. Weil es nun dem goslarischen Glanz oder Bleischweif nicht unähnlich war, warf er ein Stück davon auf seinen Wagen und bewahrte es bis zu seiner Heimkehr auf. Nachdem es in Goslar von den Sachkundigen probiert und im Silber viel reicher befunden worden war als das goslarische Erz, zogen viele Sachsen in die von dem Fuhrmann bezeichnete Gegend. Daselbst haben sie geschürft, eingeschlagen und Gänge ausgerichtet. Auch gründeten sie an dieser Stelle die so genannte Sächsstadt, die später in Freiberg umbenannt wurde.

In der Altstadt von Freiberg befindet sich am Haus Wasserturmstraße 34 eine Gedenktafel, die daran erinnert, dass in unmittelbarer Nähe des Hauses im Jahre 1168 der Freiberger Bergbau seinen Anfang genommen hat.

Wasserturmstraße 34 in Freiberg

Wie Marienberg zu seinem Namen kam

Marienberg gehört zu den jüngsten der bedeutenden erzgebirgischen Bergstädte. Die Urkunde zur Stadtgründung soll von Herzog Heinrich dem Frommen am 27. April 1521 ausgestellt worden sein.
Übrigens hieß die Stadt ursprünglich Schletta, da das erste Erz in dieser Gegend bei dem Dorf Wüstenschletta aufgefunden wurde. Der Überlieferung nach soll Herzog Heinrich nun deshalb die neue Stadt Marienberg genannt haben, weil sie gleichsam wie eine Tochter aus den Annabergischen Bergwerken entsprungen sei. *(s. dazu auch den Beitrag: Heiligenverehrung im evangelisch geprägten Erzgebirge?)*
Nach einer anderen Version soll die Stadt ihren Namen der Tatsache verdanken, dass die nach den Eltern der Jungfrau Maria, Anna und Joachim, genannten Bergstädte Annaberg und St. Joachimsthal sich sehr reich im Bergbau gezeigt hätten und der Herzog der Meinung war, dass sich die Tochter nicht schlechter als die Eltern entwickeln werde.
Ein interessanter Ansatzpunkt für das Kennenlernen der Stadt ist übrigens die Erkundung ihrer heute noch sichtbaren planmäßigen Anlage.

Die Entstehung von Tellerhäuser

Nicht nur die Gründung der Bergstädte hat ihre Widerspiegelung im Sagenschatz des Erzgebirges gefunden. Auch die Entstehung so manch einer kleinen Gemeinde hat hier ihre Spuren hinterlassen. Als Beispiel dafür sei nachstehend die Sage über die Entstehung von Tellerhäuser angeführt.

Um das Jahr 1570 lebte in Wiesental ein armer, aber frommer Bergmann namens Teller. Dieser arbeitete in einer Grube, die plötzlich keine Ausbeute mehr gab und deshalb aufgelassen wurde. So sah er sich unversehens in die misslichste Lage versetzt. Zwar hatte er noch rückständigen Lohn zu fordern, doch weigerte sich der geizige Bergherr, diesen auszuzahlen. Auch neue Arbeit wollte sich für den Bergmann nicht finden. So musste er nach und nach sein ganzes Hab und Gut verkaufen, um wenigstens Brot für seine kranke Frau, seine drei Söhne und für sich zu haben.

Herzog-Heinrich-Denkmal auf dem Marienberger Marktplatz

Am Ostermorgen war die Not am größten. Den Kirchgang trat er voller Verzweiflung an. Doch glaubte er dort, seinen Augen nicht zu trauen: Vermeinte er doch unter der Kanzel eine Gestalt zu erblicken, die ihm aufs Haar glich. Nur stand diese im Festgewand mit einer Stufe glänzenden Silbers dort. Teller rieb sich die Augen und wandte sein Gesicht ab, aber sobald er wieder zur Kanzel blickte, sah er seinen Doppelgänger wieder.
Auf dem Heimweg musste er unentwegt an die Erscheinung denken. So bemerkte er auch einen Unbekannten, der an ihn herantrat, erst in letzter Minute. Dieser fragte den Bergmann, was ihn denn so bedrücke. Als Teller ihm seine Not klagte, schenkte ihm der Fremde ein größeres Geldstück. Da fasste der Bergmann neuen Mut, kaufte von dem Geld des Unbekannten bei dem Bergmeister die Erlaubnis, in der auflässigen Grube zu bauen und machte sich mit neuen Kräften an die Arbeit.
Doch der erste Tag verging, ohne dass er auf Erz gestoßen wäre. Auch der zweite war schon zur Hälfte vorüber. Der Bergmann hatte sich gerade missmutig niedergesetzt, um das letzte Stückchen Brot zu verzehren. Da kroch aus einem Loch plötzlich eine Maus hervor, die ohne Scheu die heruntergefallenen Brosamen auflas. Teller ließ das Tier ruhig gewähren. Als es jedoch anfing, an seinem Grubenlicht herumzuknabbern, warf er sein Fäustel nach der Maus. Zwar traf er nicht das Tier, aber er hatte in seiner Wut und Enttäuschung so heftig geworfen, dass der Wurf ein starkes Stück des Gesteins lossprengte – und der Bergmann glaubte seinen Augen nicht zu trauen: Hinter diesem trat ein reicher Gang gediegenen Silbers zutage.
Nun hatte alle Not ein Ende, und er eilte schnell mit der frohen Kunde heim. Aus dem armen Bergmann wurde ein reicher Bergherr. Aber er vergaß nicht seine frühere Armut. Er war mild und freigiebig gegen die Armen und blieb fromm und redlich bis an sein Ende. Seinen Söhnen erbaute er von dem Segen des Bergbaus in einer unbewohnten Gegend zwischen Wiesenthal und Rittersgrün drei kleine Bauerngüter, die nach dem Erbauer Tellerhäuser genannt wurden.

Soweit die Sage. Wenn sie darüber hinaus den einen oder den anderen Leser anregen sollte, dieses schöne Fleckchen unserer Heimat (wieder) einmal aufzusuchen, wäre dies durchaus wünschenswert. Für speziell an dieser Sage interessierte Leser zudem noch einige ausgewählte Anmerkungen.
Eine der sicherlich ältesten schriftlichen Überlieferungen dieser Sage findet sich bei Widar Ziehnert. In seinem Buch „Sachsens Volkssagen", das 1838 bei Rudolph & Dieterici in Annaberg erschien, hat er diesen Sagenstoff poetisch verarbeitet. Nach einer von ihm selbst vorangestellten Anmerkung soll die Sage ungefähr in das Jahr 1570 fallen. Lauterbach erwähnt in einer Anmerkung zu dieser Sage, dass 1609 auf der Karte von Oeder ein Tellerhaus einge-

Gedichte

des

Grenz-Aufsehers Kleinhempel

in

Hammer-Unterwiesenthal.

Von ihm selbst herausgegeben

im

Jahre 1865.

Buchholz.

Druck von J. H. Hollstein.

Deckblatt der Gedichtesammlung

zeichnet ist. Bei Wikipedia, der Internet-Enzyklopädie, ist nachzulesen, dass in entsprechenden Quellen 1622 ein Bergmann Teller mit seinem Häuslein am Kaffberg erwähnt wird. Um 1699 wurde es wahrscheinlich neu erbaut, denn aus diesem Jahr ist die Bezeichnung „nach Tellers neuen Hauß" belegt. Erst 1720 soll ein zweites Haus hinzugekommen sein. Um 1840 werden „Die 3 Tellerhäuser am Kaff" in der Sächsischen Kirchengalerie benannt.
Doch nochmals zurück zu den Sagensammlern. Auf Widar Ziehnert beziehen sich sowohl Grässe („Sagenschatz des Königreichs Sachsen". Dresden 1874) als auch Köhler („Sagenbuch des Erzgebirges". Schneeberg und Schwarzenberg 1886) und Meiche („Sagenbuch des Königreichs Sachsen". Leipzig 1903) sowie direkt oder indirekt die Herausgeber der meisten anderen Sagensammlungen. Interessanterweise findet sich dieser Sagenstoff auch bei dem leider etwas in Vergessenheit geratenen Heimatschriftsteller und Revolutionär Elfried von Taura alias August Peters. Eingearbeitet hat er ihn in seinen 1860 erschienenen „Wanderungen durch das Erzgebirge". Annaberg 1860. Hierauf wiederum nimmt Grohmann („Das Obererzgebirge und seine Hauptstadt Annaberg in Sage und Geschichte". Annaberg 1892) Bezug. Inwieweit Elfried von Taura die Veröffentlichung von Ziehnert kannte oder den Sagenstoff selbst erzählt bekam ist zum gegenwärtigen Zeitpunkt nicht bekannt.
Bemerkenswert ist weiterhin, dass die bis zu dem Brand im Jahre 1862 in der Kirche von Oberwiesenthal stehende geschnitzte, lebensgroße Figur eines Bergmanns ebenso wie die des kanzeltragenden Bergmanns ein Abbild jenes „Sagenhelden" gewesen sein soll. Aus Anlass des unheilvollen Brandes verfasste der Grenzaufseher Kleinhempel ein Gedicht, das 1865 in einer von ihm im Eigenverlag herausgegebenen Sammlung erschien und dem damaligen Zeitgeist entspricht.
Übrigens: Tellerhäuser als Ortsteil von Rittersgrün gehört seit 2007 zu der Gemeinde Breitenbrunn.

Ein abgebranntes Kirchlein!

von Friedrich Herrmann Kleinhempel

Welcher Anblick! – traurig, traurig.
O! es thut das Herz mir weh,
Wenn ich dich so öd, so schaurig,
Liebes Kirchlein, wieder seh.

Wo sonst Andacht, wo sonst Friede,
Wohnt jetzt Grauen, heult der Sturm.
Schwarz, verräuchert, kahl und müde
Neigen Wände sich und Thurm.

Orgeltöne, Glockenklänge,
Und das liebe Gotteswort,
Die Gebete, die Gesänge
Zogen aus der Heimath fort.

Keine Heimath hat der Arme.
Obdachlos, kein Gotteshaus.
Wo nun hin mit deinem Harme,
Wo heilst deinen Schmerz du aus?

Alter Teller!*) treuer Hüter,
Gingst nun endlich auch zur Ruh.
Stürztest in die Tiefe nieder,
Schutt und Asche deckt dich zu.

Bist erlöst von deiner Bürde,
Die den Nacken dir gekrümmt,
Stehst nicht mehr mit Bergmannswürde
An dem Ort, der dir bestimmt.

Ruhe sanft! ruht, theure Zeichen
Bess're Zeiten, ruht euch aus.
Nichts wird mehr dem Alten gleichen,
Einst im neuen Gotteshaus.

*) Die Statue eines Bergmanns (Eigenlöhners von den Tellerhäusern), welche die Kanzel stützte.

Johannes Mathesius, der Bergprediger von St. Joachimsthal

Johannes Mathesius gehört zweifelsohne zu den bedeutendsten Persönlichkeiten seiner Zeit. War er doch nicht nur ein vielseitiger, äußerst produktiver und viel gelesener Schriftsteller. So stammt unter anderem die erste Biografie Luthers aus seiner Feder. Vor allem aber ist er als Bergprediger von St. Joachimsthal in die Geschichte eingegangen. Haben sich doch nicht nur allein rd. 1500 seiner Predigten in gedruckter Form bis in die Neuzeit erhalten. Bemerkenswert sind dabei ihre starken Bezüge zu dem Joachimsthaler Bergbau, die sie auch heute noch für viele volkskundliche Untersuchungen unentbehrlich machen. Darüber hinaus ist sein in deutscher Sprache geschriebenes Hauptwerk „Sarepta oder Bergpostille" (1. Auflage 1562) eine hervorragende und gemeinverständliche Wiedergabe bergbaulicher Erfahrungen. Es hatte bereits zu seiner Zeit eine so große Bedeutung erlangt, dass es mehrmals wieder aufgelegt werden musste. Dass das Wirken von Johannes Mathesius so eng mit St. Joachimsthal verbunden ist, verwundert nicht. War doch die Bergstadt durch reiche Silberfunde im ersten Viertel des 16. Jahrhunderts wie ein Komet aus der Wüstung Conradsgrün hervorgegangen und zu einer der größten Städte Böhmens aufgeblüht. Das Berggeschrei zog nun nicht nur Bergleute herzu, sondern auch bedeutende Persönlichkeiten aus Wissenschaft, Kultur und Kunst, wie beispielsweise Georgius Agricola und Lazarus Ercker. *(s. dazu auch den Beitrag Wechselvolle Geschichte einer böhmischen Bergstadt)*

Wer war nun dieser Mann? Johannes (auch Johann) Mathesius wurde am 24. Juni 1504 als dritter Sohn des Ratsherrn und Gewerken Wolfgang Mathesius und dessen Ehefrau Christine in Rochlitz geboren. Leider verstarb seine Mutter viel zu früh, so dass er bei seiner in Mittweida lebenden Großmutter eine „von ernsthaften Ermahnungen, aber auch von herzlicher Liebe" geprägte Erziehung genoss, wobei zugleich der Grundstock für eine der damaligen Zeit entsprechende solide Bildung gelegt wurde.

Ab dem zehnten Lebensjahr sollte Johannes auf Wunsch des Vaters zu einem tüchtigen Bergmann herangebildet werden. Deshalb holte ihn der Vater wieder nach Rochlitz und schickte ihn zunächst als so genannter Zubußbote auf die Fundgruben Junkerberg und Vogelsang in Seelitz, wo sein Vater Gewerke war. Überliefert ist, dass die folgende Zeit maßgebend für die Entwicklung seiner Liebe zur Natur war. Zudem soll Johannes hier bereits seine ersten mineralogischen Studien gemacht haben. Leider erreichte jedoch der Rochlitzer Bergbau zu keiner Zeit eine nennenswerte Bedeutung, so dass die Familie

Johannes Mathesius, 1504 – 1565

auch nie zu Reichtum kam. Zudem starb 1521 auch noch der Vater. Johannes begab sich deshalb nach Nürnberg, wo er bei Verwandten unterkam und eine Lateinschule besuchte. Seinen Lebensunterhalt musste er als Chorsänger bestreiten. Ein im Jahr 1523 begonnenes Theologiestudium an der damals berühmten Universität Ingolstadt musste er jedoch bald nach Studienbeginn infolge Geldmangels abbrechen. Im Verlauf der verschiedensten Tätigkeiten, u.a. als Bibliothekar in einer Münchener Privatbibliothek, wurde er schließlich Hauslehrer auf Schloss Odelzhausen. Hier kam er mit den Schriften Luthers in enge Berührung. Durch ein Stipendium, das ihm von einem Bürger seiner Heimatstadt Rochlitz gewährt wurde, konnte er 1530 sein Studium in Wittenberg fortsetzen. Aber auch hier zwang ihn mangelndes Geld wieder zu dessen Abbruch. Nach einer Tätigkeit als Lehrer in Altenburg kam er schließlich im Alter von 28 Jahren als Lehrer und späterer Direktor der Lateinschule in die Bergstadt St. Joachimsthal. Als ihm 1538 ein fündig gewordener Steiger als Dank für die Unterrichtung seiner Kinder zum Mitgewerken machte, konnte Mathesius 1540 nochmals nach Wittenberg gehen und sechsunddreißigjährig sein Studium fortsetzen und den akademischen Grad eines Magisters der freien Künste erwerben. Zugleich hatte er in dieser Zeit Gelegenheit, als Tischgenosse Luthers dessen Ansichten kennen und schätzen zu lernen. Er wurde dabei zu einem glühenden Verfechter der Reformation. Mathesius erhielt schließlich am 28. (nach anderen Quellen am 29.) März 1542 aus der Hand von Martin Luther seine Ordination. Fortan wirkte er als Prediger und später als Pfarrer in St. Joachimsthal. 1543 heiratete er Sibylle Richter, die ihm in 12-jähriger Ehe fünf Jungen und drei Mädchen schenkte. 10 Jahre nach dem Tod seiner Frau starb auch Johannes Mathesius am 6. Oktober 1565.

Die lange Schicht zu Ehrenfriedersdorf

Die alte Bergstadt Ehrenfriedersdorf, in der heutigen Zeit bequem auf der B 95 zu erreichen, ist auch in der Neuzeit nicht nur wegen seines Marktplatzes und seiner Kirche sehenswert. Vor allem finden sich hier noch zahlreiche und interessante Zeugnisse des alten Bergbaus, so auch rund um den Sauberg, wo der Überlieferung nach um das Jahr 1240 Wildschweine die ersten Zinnvorkommen entblößt haben sollen und wo heute ein Heilstollen Kranken Linderung ihrer Leiden bringt. Untrennbar mit der Stadt und ihrem Bergwerk verbunden ist die Legende von der langen Schicht zu Ehrenfriedersdorf.

Gedenkstein für Oswald Barthel

In der uralten sächsischen Bergstadt Ehrenfriedersdorf lebte einst ein junger Bergmann, Oswald Barthel mit Namen. Er hatte den Beruf von seinem Vater übernommen, der auch schon in den Berg eingefahren war. Oswald war tüchtig und zuverlässig. Er wurde deshalb auch von seinen Vorgesetzten so geschätzt, dass ihm sogar der reiche Obersteiger Baumwald seine einzige Tochter Anna verlobte.
Einst sollte nun Oswald Barthel im Tiefen Stolln Gutes Glück im Sauberg anfahren, um einen Durchschlag zu machen. Dies gehörte wegen des entgegenstehenden Wassers zu den gefährlichsten Arbeiten im Bergbau. Dennoch trat Oswald mit denjenigen seiner Kameraden, welche die Reihe hierzu traf, nach der Beichte und dem heiligen Abendmahl am Tage St. Katharinä im Jahre 1508 die Fahrt mit einem herzlichen „Glück auf!“ an.
Als sie an dem gefährlichsten Punkt angekommen waren, wurde die Arbeit sofort in rolliger, sehr gebrechlicher Bergart betrieben. Das Einstürzen der Firste versuchte man durch umfangreiche Zimmerung zu verhüten. Doch die Last war groß, die auf ihr ruhte. Als der Steiger, etwas zurückstehend, eine Anordnung treffen wollte, hörte er in der Firsten-Zimmerung ein heftiges Krachen, das sich gleich darauf wiederholte. „Schnell, Brüder, rettet euch! Es macht einen Bruch!“ Diesem Ruf des Steigers folgten alle in großer Eile. Nur Oswald, der jüngste und rascheste von allen, blieb aus unerklärlichen Gründen zurück. Vielleicht dachte er, dass wieder einer der nichtsnutzigen Bergkobolde die Bergleute necken wollte. Doch so kam, was kommen musste! Der Bergmann Oswald Barthel wurde verschüttet. Zwar gab man sich die größte Mühe, Oswald zu retten, aber es war vergebens. Obwohl immer neue Arbeiter die ermatteten ablösten – er konnte nicht gefunden werden. Da zudem immer mehr vom Berg nachbrach, musste die Suche schließlich aufgegeben werden.
Als die Braut des Bergmanns die furchtbare Kunde erhielt, sank sie in eine tiefe Ohnmacht. Als sie wieder erwachte, verfiel sie in eine ansonsten tödliche Krankheit. Doch die Kraft ihrer Jugend besiegte dieselbe, und sie blieb dem Leben erhalten. Als sie jedoch nach ihrer Genesung wieder das Gotteshaus betreten konnte, legte sie am Altar das Gelübde ab, ihrem Oswald treu zu bleiben und ihr Leben lang nur als Jungfrau zu leben und auch so zu sterben. Dann hing sie in der Kirche ihren Brautkranz unter die übrigen Totenkränze und lebte fortan in tiefer Stille, den Armen dienend.
So waren seit jenem Unglückstag viele Jahre dahingegangen. Zuletzt waren nur noch die jungfräulich gebliebene Braut sowie drei Bergleute, nämlich Balthasar Thomas Kendler und Andreas Reiter der Ältere, beide aus Ehrenfriedersdorf, sowie Simon Löser aus Drebach von all denen am Leben, die

damals das unglückliche Ereignis mit angesehen hatten. Da fügte es sich, dass in Brünlers Fundgrube am Sauberg ein Stolln bewältigt wurde. Als man sieben Lachter im rolligen Gestein fortgerückt war, stieß man auf einen in der Erde liegenden menschlichen Körper, dessen Kleider ebenfalls noch erhalten waren. Mit viel Mühe machte man ihn von seiner drängenden Umgebung frei und fuhr mit ihm zum Tageschacht. Dabei brach jedoch der Leichnam mitten auseinander, so dass man ihn nur in zwei Stücken heraufwinden konnte.

Diese Begebenheit wurde sogleich dem damaligen Bergmeister Valentin Feige gemeldet, welcher den Geschworenen Thomas Langer rufen ließ und die genannten drei Greise in das Bergamt einlud. Diese Männer sagten aus, dass sie sich wohl noch erinnern könnten, wie einst in ihrer Jugend, vor 60 Jahren, ein junger Bergmann, Oswald Barthel mit Namen, in der Gegend des Fundortes der Leiche so verfallen sei, dass ihn niemand mehr retten konnte. Als man nun den Leichnam brachte, erkannten sie ihn als den Verschütteten. Dieses Wiedersehen geschah am 20. September 1568, so dass der Bergmann 60 Jahre, 9 Wochen und drei Tage in der Erde gelegen hatte, bis man ihn fand.

Daraufhin wurde Oswald Barthel am 26. desselben Monats mit einem feierlichen Leichenbegräbnis wieder bestattet. Es war ein Begräbnis, wie Ehrenfriedersdorf noch keines gesehen hatte. Der Leichenzug bestand aus Tausenden, die herbeigeeilt waren, um dem so wunderbar Wiedergefundenen das letzte Geleit zu geben. In der Gedächtnispredigt, welche der damalige Ortspfarrer M. Georg Reute hielt, sagte dieser eingangs: Es sei schon eine wunderbare Mär, dass er, der im 31. Jahr seines Lebens stehe, einer Leiche die Gedächtnispredigt halte, die dreißig Jahre vor seiner Geburt gestorben sei. Als die Leiche eingesenkt werden sollte, kam auch Oswalds treu gebliebene Braut herbei. Sie sprach dabei nur den Wunsch aus, ihrem Oswald bald folgen zu können. Dieser Wunsch ging auch bald darauf in Erfüllung. Vereint ruhen fortan beide im Grab.

Ein Denkmal erinnert an den 1508 verunglückten und erst 1568 wieder aufgefundenen Bergmann Oswald Barthel. Das erste Denkmal wurde übrigens Anfang des vergangenen Jahrhunderts an dem Ort des Geschehens errichtet. Als es jedoch in jüngster Vergangenheit darum ging, alle Rohstoffreserven zu erschließen, brach es infolge des Erzabbaus an dieser Stelle ein. 1981 errichtete man es an dem Haus des Gastes an der Steinbüchler Straße neu.

Schlägel und Eisen – mehr als ein einfaches Symbol

Wohl nur wenige Symbole haben eine so große und auch weltweit verbreitete Bedeutung erlangt wie die schräg gekreuzte Darstellung von Schlägel und Eisen für den Bergbau. Zwar sind Schlägel und Eisen selbst bereits seit vielen Jahrzehnten aus der Arbeitswelt des Bergmanns verschwunden. Dennoch wird dieses Symbol auch heute noch überall dort angewandt, wo eine Beziehung zum Bergbau signalisiert werden soll.
Bekanntermaßen handelt es sich bei Schlägel und Eisen um uraltes bergmännisches Werkzeug – oder Gezähe wie es im bergmännischen Sprachgebrauch heißt. So ist es schon fast logisch, dass die Arbeit mit Schlägel und Eisen auch in Agricolas 1557 erschienenem Werk „Vom Bergwerck XII Bücher" ihren Niederschlag gefunden hat.
Doch auch in der Kunst findet der mit Schlägel und Eisen arbeitende Bergmann seine Widerspiegelung. Zu den bekanntesten Beispielen gehört dabei wohl der Bergmann am Kanzelfuß der Annaberger St. Annenkirche.
Doch was sind Schlägel und Eisen nun eigentlich genau? In der 1907 erschienenen Ausgabe von Meyers Konversationslexikon ist folgende Definition zu finden:

> *„Schlägel (Fäustel), ..., ein auf beiden Seiten des starken Stiels (Helm) gleichgestalteter, flach gebogener Hammer aus Eisen mit verstählten Endflächen (Bahnen) oder aus Gußstahl, dient zur Arbeit mit dem Eisen (Bergeisen), einem in der Mitte meist mit einer Öffnung (Auge) zum Aufstecken auf einen schlanken Holzstiel versehenen Spitzkeil, der schräg gegen das Gestein gehalten und mit dem S. kräftig geschlagen wird, so daß kleinere Gesteinsstückchen abplatzen. Die alte Schlägel- und Eisenarbeit ist fast gänzlich durch die Sprengarbeit (Schießarbeit) verdrängt worden."*

Trotz seines allgemeinen Bekanntheitsgrades findet man aber auch so manch eine nicht exakte Darstellung des Symbols. Dabei liegt der richtigen Darstellung eine ganz einfache Erklärung zugrunde: Da mit dem Schlägel auf das Eisen geschlagen wurde, musste der Schlägel folglich in der rechten Hand gehalten werden. Dies findet seine Widerspiegelung darin, dass er in dem Symbol von rechts unten nach links oben zeigt. Analog weist das Eisen – in der linken Hand gehalten – von links unten nach rechts oben. Da zudem das Eisen – mit seiner Spitze nach rechts weisend – durch die Arbeit im harten

Darstellung der Arbeit mit Schlägel und Eisen bei Agricola

Gestein schnell stumpf wurde, musste es zum Schärfen leicht vom Stiel abzunehmen sein. Im Gegensatz zum Schlägel ragt deshalb in dem Symbol der Stiel leicht über das Eisen hinaus.

Übrigens hat die manchmal übertriebene deutsche Gründlichkeit auch keinen Bogen um die exakte Darstellung von Schlägel und Eisen gemacht. In DIN 21800 06/89 ist alles genau geregelt.

Eine Ausnahme von der geregelten Darstellung gibt es dennoch: Wie bei vielen bergmännischen Sitten und Gebräuchen gibt es auch bei der Verwendung des Symbols Schlägel und Eisen einen Bezug auf das stets gegenwärtige Ende des Bergmanns. Gehören doch Schlägel und Eisen in den wohl meisten Fällen mit zu dem Sargschmuck für die letzte Schicht eines Bergmanns. Allerdings wurde bzw. werden sie hier – gleichsam wie bei der Darstellung eines aufgelassenen Bergwerks – mit den Stielen nach oben auf den Sarg gelegt.

Ist ein Lichtlein angezündet

Die Rolle, die ein Licht früher im Leben eines Menschen spielte, kann man heute, wo man mit Hilfe des elektrischen Lichtes so gut wie jeden Winkel ausleuchten kann, kaum noch nachvollziehen. Und dabei braucht man doch auch in der Neuzeit nur einmal allein mit einer brennenden Kerze in den Keller zu gehen. Sind da nicht plötzlich unbekannte Geräusche zu vernehmen? Huschen da nicht bedrohliche Schatten über den Gang? Wie mag es da nun aber gar dem Bergmann bei seiner Tätigkeit im Schoß der Erde und nahe den geheimnisvollen gewaltigen Kräften einer noch wenig erforschten fremden Welt ergangen sein? War da zumindest sein Grubenlicht nicht wenigstens von alters her ein Sinnbild der Hoffnung, ja des Lebens überhaupt? Zudem war ohne Licht ein Arbeiten in der Grube ja gar nicht möglich. Und so findet man in der Sammlung von Blechschmidt auch den Bergmannsspruch

„Der Bergmann ohne Licht,
kriegt nichts für seine Schicht!"

Auch im bergmännischen Liedgut hat das Licht eine bedeutende Rolle. Wer kennt denn nicht zumindest die erste Strophe von dem Steigerlied:

Glück auf, Glück auf, der Steiger kommt.
Und er hat sein helles Licht bei der Nacht,
schon angezündt'

Pforr führt in seinem Beitrag über das christliche Brauchtum der Bergleute im historischen Freiberger Silberbergbau einen weiteren Liedtext an:

Du trägst ein Licht in deiner Hand
Glück auf du edler Bergmannsstand
froh soll dein Lied erklingen

Lichterengel und -bergmann – weihnachtliche Figuren der Fa. Günter Reichel

Im weiteren Verlauf seiner oben genannten Arbeit verweist Pforr darauf, dass das Grubenlicht der Bergleute auch religiös ausgedeutet wurde. Ein Beispiel dafür ist der Liedtext

Mein Grubenlicht soll Jesus sein,
Mit ihm fahren wir aus und ein!

Aber nicht nur, dass der Bergmann unter Tage ohne Licht hilflos und in tödlicher Gefahr war. Besonders in der „dunklen" Jahreszeit musste er ja frühmorgens bei Dunkelheit ein- und abends im Finstern wieder ausfahren. Tageslicht war für ihn in dieser Zeit ein seltenes Erlebnis, das freudig erwartet wurde. Deshalb ist es auch nicht verwunderlich, dass besonders in der finsteren Zeit des Jahres viele Kerzen in den Fenstern der Bergarbeiterfamilien leuchteten, um den von der Schicht kommenden Bergleuten „heimzuleuchten". Über die letztlich auch hiervon ausgehende Entwicklung der Weihnachtsbräuche ist ja nun schon viel geschrieben und wissenschaftlich untersucht worden. Aber ist es nicht so, dass man gar nicht alles und jedes erklärt haben möchte? Geht nicht gerade dadurch oftmals der eigenartige Zauber, den das Erzgebirge besonders zur Weihnachtszeit auf viele Menschen aus nah und fern ausübt, verloren? Vielmehr sollte man doch einfach einmal zu dieser Zeit in das Weihnachtsland fahren und den besonders in den Abendstunden wirkenden Zauber auf sich wirken lassen.

Vom Ursprung des Schwibbogens

Heute vermag sich wohl kaum ein Sachse und erst recht kein Erzgebirgler Weihnachten ohne die zahlreichen aus den Fenstern strahlenden und sich auch grenzüberschreitend immer mehr verbreitenden Lichterbögen – die Schwibbögen – vorzustellen. Ja, man kann mit Fug und Recht behaupten, dass der Schwibbogen seit einigen Jahrzehnten zum eigentlichen Symbol der erzgebirgischen Weihnacht geworden ist. Doch trotz dieser Beliebt- und Bekanntheit sind eigenartigerweise weder die Herkunft des Namens noch die eigentliche Entstehungsgeschichte des Schwibbogens exakt überliefert. Mit relativ großer Wahrscheinlichkeit wird jedoch angenommen, dass der Name dem Bereich der Architektur entlehnt worden ist und hier einen frei zwischen zwei Mauerkörpern schwebenden Bogen bezeichnet.
Auch zur Entstehung gibt es verschiedene Meinungen und Theorien. Einig sind sich alle lediglich darin, dass eine ursächliche Verbindung zum berg-

Schwibbogen in Johanngeorgenstadt

männischen Brauchtum besteht. Am verbreitetsten ist dabei die Auffassung, dass zur Mettenschicht, die am Nachmittag des 24. Dezember mit Musik, Essen und Trinken „verfahren" wurde, die Bergleute ihre Grubenlampen hufeisenförmig an der Wand der Zechenstube (oder auch im Stollen selbst) aufhingen, um so das Stollenmundloch anzudeuten. Da zu diesen Mettenschichten u. a. auch die Bergschmiede eingeladen wurden, wird wahrscheinlich einer von diesen zur „Bergverwandtschaft" zählenden Männern einen diesem Bogen nachempfundenen Leuchter geschmiedet und – gewissermaßen als Gastgeschenk – mitgebracht haben. Dafür spricht, dass die ersten Schwibbögen aus Metall gefertigt waren.
Über den Zeitpunkt dieses „Ereignisses" gibt es in den verschiedenen Quellen allerdings unterschiedliche Angaben: sie reichen von 1726 bis 1778. Relativ einig dagegen sind sich die Autoren über den bewussten Bergschmied. Er wird allgemein in Carl Traugott Teller aus Johanngeorgenstadt personifiziert. Aber ausgerechnet ein Nachfahre von ihm entdeckte bei einer Restaurierung auf einem der drei noch erhaltenen und ältesten der bekannten Schwibbögen die Jahreszahl 1740. Da jedoch Carl Traugott Teller erst 1749 geboren wurde, muß folglich eine andere Person den ersten Schwibbogen gefertigt haben. Auch über die Wandlung der zur Ausgestaltung der Schwib-

bögen verwandten Motive – von der Vertreibung von Adam und Eva aus dem Paradies über dominierende bergmännische bis hin zu heute angebotenen 3-D-Darstellungen – ließe sich noch trefflich polemisieren.
Aber sei es wie es sei! Von Johanngeorgenstadt aus begann der Siegeszug des Schwibbogens nicht nur in die Fenster, sondern auch in die Herzen der Menschen. Nicht umsonst wird deshalb Johanngeorgenstadt heutigentags auch als „Stadt des Schwibbogens" bezeichnet. Ein Name darf im Zusammenhang mit der Verbreitung des Schwibbogens über die Grenzen von Johanngeorgenstadt hinaus allerdings nicht vergessen werden: der Unternehmer Friedrich Emil Krauß. Als er 1937 eine Weihnachtsschau erzgebirgischer Volkskunst vorbereitete, suchte er nach einem typischen Symbol für die Werbung – und fand dies bei den Tellers in dem Schwibbogen. Mit Sicherheit hat zu dem heutigen Erfolg aber auch die Umstellung auf das für die Volkskunst aus dem Erzgebirge typische Material Holz beigetragen, so dass der Schwibbogen heutzutage mit Recht als typisch erzgebirgisches Produkt bezeichnet werden kann.
Zum Abschluss noch eine oft gestellte Frage: Wieviel Kerzen gehören auf einen Schwibbogen? Doch auch hierauf gibt es keine eindeutige Antwort. In der Regel sollte es aber eine ungerade Zahl zwischen sieben bis elf sein, damit eine Kerze in der Mitte des Bogens stehen kann.

Literaturverzeichnis

Agricola, G.: Vom Bergwerck XII Bücher: Basel 1557 (Reprint: Leipzig 1985)

Andree-Eysn, M.: Volkskundliches aus dem Bayrisch-österreichischen Alpengebiet. Braunschweig 1910

Beyer, A.: Der Christliche Bergmann oder Bergmännische Christe. Leipzig 1681.

Blechschmidt, M.: Bei uns zu Hause. Artikelserie in der Tageszeitung Freie Presse. Chemnitz (versch. Ausgaben)

Blechschmidt, M.: Bergreihen. In: Jahrbuch Erzgebirge 1984, S. 42–45.

Bleyl, F.: Der Pferdegöpel der „Neu-Leipziger Glück Fundgrube" bei Johanngeorgenstadt im Erzgebirge. In: Mitteilungen des Landesvereins Sächsischer Heimatschutz. Band XXV

Blume, H.: Ein Besuch der Grube Himmelfahrt bei Freiberg. In: Bunte Bilder aus dem Sachsenlande. Herausgegeben vom Sächsischen Pestalozzi-Vereine. II. Band. Leipzig 1898

Forkmann, P.: Frankenberg und seine nächste Umgebung in Sage und Geschichte. Frankenberg 1903

Heilfurth, G.: Bergbau und Bergmann in der deutschsprachigen Sagenüberlieferung Mitteleuropas. Marburg 1967

Heilfurth, G.: Zum Innovations- und Tradierungsprozeß des Bergmannsgrußes „Glückauf". In: Der Anschnitt 6/1976

Kaden, H. und H.: Kerzenzeit. Marienberg 2005

Lahl, B.: Die Bergkirche St. Marien in Annaberg-Buchholz. Hrsg.: Ev.-luth. Kirchenvorstand der Kirchgemeinde St. Annen. Annaberg-Buchholz 2005

Lahl, B.: Mettenschichten im Erzgebirge. Marienberg 2003

Lahl, B. und Kugler, J.: Alles kommt vom Bergwerk her. Hrsg.: M. Zwarg. Chemnitz 2006

Laube, A.: Studien über den erzgebirgischen Silberbergbau von 1470 bis 1546. Berlin 1974

Mathesius, J.: Sarapta oder Bergpostill. Nürnberg 1562

Pfannstiel, M.: Die Tulpenkanzel. Bilder aus der Geschichte Freibergs und des Erzbergbaus. Leipzig/Jena/Berlin 1980

Pforr, H.: Christliches Brauchtum der Bergleute im historischen Freiberger Silberbergbau. (Internetversion)

Prescher, H. und Wagenbreth, O.: Georgius Agricola – seine Zeit und ihre Spuren. Leipzig – Stuttgart 1994

Pütz, O.: Das sächsische Berg- und Hüttenwesen und die Bergakademie Freiberg. In: Sachsen 1000 Jahre Deutscher Kultur. Berlin und München 1929

Riedel, L.: Der Bergbau im Thesenwald. Schriftenreihe der Museen der Stadt Olbernhau. Heft 5. Olbernhau 1983

Riedel, L.: Johannes Mathesius. In: Erzgebirgische Heimatblätter 3/1984

Riedel, L. und Martin, S.: Eine Region an der Silberstraße. Marienberg 1992

Rochhaus, P.: Adam Ries. Vater des modernen Rechnens. Erfurt 2008

Röhrich, L.: Lexikon der sprichwörtlichen Redensarten. Freiburg-Basel-Wien 1994

Rößler, B.: Hell-polierter Berg-Bau-Spiegel. Dresden 1700 (Reprint: Leipzig 1980)

Schmidt, O. E.: Kursächsische Streifzüge. Dresden 1922

Schulz, W.: Wirklichkeit, Aberglaube und Sage bei den deutschen Bergknappen der Vergangenheit. Freiberg 1890

Störzner, B.: Der Pfarrer von Geising. In: Bunte Bilder aus dem Sachsenlande. II. Band. Leipzig 1948

v. Taura, E.: Die Fundgrube Vater Abraham. In: Unterhaltende Beilage zum vereinigten Wochenblatte für Marienberg. No 31 – 43/1856

Unger, H.: Ein Schatzgräber im niederen Erzgebirge. In: Bunte Bilder aus dem Sachsenlande. I. Bd. Leipzig 1901

Werner, D.: Bergmannssagen aus dem sächsischen und dem böhmischen Erzgebirge. Marienberg 1997

Werner, D.: Erzgebirgische Sagenstraße – Sagenhafte Ausflugsziele. Marienberg 2001

Werner, D.: Verborgene Schätze – Sagen und Ausflugsziele aus dem Erzgebirge. Marienberg 2005

Wilsdorf, H.: Das historische Erzgebirgische Bergmannshabit. In: Glück auf, Hefte 33/34/35. Herausgeber: Folklorezentrum Erzgebirge/Vogtland. Schneeberg 1988

Wilsdorf, H.: Montanwesen – Eine Kulturgeschichte. 1987

An der Fahrten unterstem Ende. Herausgegeben und verlegt vom Heimatkunde-Ausschuß der Schulaufsichtsbezirke Aue und Schwarzenberg. 1932

Bergbau im Erzgebirge. Technische Denkmale und Geschichte. Hrsg.: *O. Wagenbreth und E. Wächtler.* Leipzig 1990

Bergmannssagen aus dem sächsischen Erzgebirge. Herausgegeben und bearbeitet von *D. Werner* unter Mitarbeit von *E. Neubert.* Leipzig 1990

Bunte Bilder aus dem Sachsenland. Herausgegeben vom Sächsischen Pestalozzi-Vereine. Bände I – IV. Leipzig 1898 – 1907

Der Freiberger Bergbau. Technische Denkmale und Geschichte. Hrsg.: *O. Wagenbreth und E Wächtler.* Leipzig 1986

Erlebnis Bergbau. Herausgegeben vom Tourismusverband Erzgebirge e.V. und FERIENSTRASSE SILBERSTRASSE. o. J.

Duden. Redewendungen. Mannheim 2002

Handbuch des Aberglaubens. Herausgegeben v. *U. Müller-Kaspar.* Wien 1999

Meyers Großes Konversationslexikon. Leipzig und Wien 1904 – 1909

Meyers Neues Lexikon. Leipzig 1972 – 1978

Sagenbuch des Erzgebirges. Herausgegeben von *W. Lauterbach*, Berlin 1996

Erzgebirgische Heimatblätter, versch. Ausgaben

Diverse Informationsbroschüren und Faltblätter

Archiv des Herausgebers

Ortsverzeichnis

Bildnachweis

G. Becker: S. 47

R. Brenner: S. 124

U. Burkhardt: S. 32

M. Degen: S. 15, 67, 86, 87, 110

K.-D. Dittel: S. 106

Erzgebirgsmuseum Annaberg-Buchholz: S. 112

W. Hoffmann: S. 126

J. Kugler: S. 20, 22, 42

K. Kulleck: S. 28 (unten), 46, 74, 78, 84, 100, 102, 108, 118

W. Markgraf: S. 44

L. Riedel: S. 10, 89

G. Schubert: S. 98

H. Schubert: S. 26

P. Schulze: S. 62

J. Thiele: S. 30

J. Seyffarth: S. 18

Universitätsbibliothek TU Bergakademie Freiberg, Wiss. Altbestand: S. 36, 59

O. Wagenbreth: S. 28 (oben)

D. Werner: S. 14, 34, 35, 40, 48, 51, 52, 65, 68, 80, 82, 90, 95, 103, 105, 116, 122

Der Autor

Dietmar Werner wurde 1938 in Chemnitz geboren. Nach dem Abitur Studium der Volkswirtschaft an der Martin-Luther-Universität Halle-Wittenberg. Hier promovierte er auch im Jahre 1971. Im Anschluss an das Studium Tätigkeit in der Industrie, im Bildungswesen sowie im Sparkassensektor. Seit 1994 lebt er in Taura.

Seit den siebziger Jahren beschäftigt er sich in seiner Freizeit intensiv mit den Volkssagen. Damit verbunden war und ist zugleich das Sammeln entsprechender Veröffentlichungen und das Anlegen eines umfassenden Archivs. Er war Gründungsmitglied des Bezirksarbeitskreises „Sächsische Volkssagen", den er bis zu dessen Auflösung leitete. Auf seine Initiative hin entstand zudem die Reihe über sächsische Sagen. Er ist Herausgeber zahlreicher Sagenbücher und weiterer Publikationen.

Im Rahmen der Schriftenreihe Erzgebirgische Heimat erschienen vom gleichen Autor in unserem Haus die Publikationen „Bergmannssagen aus dem sächsischen und dem böhmischen Erzgebirge", „Erzgebirgische Sagenstraße" und „Verborgene Schätze – Sagen und Ausflugsziele aus dem Erzgebirge.

Eigentlich wollte ich nur ein Jahr bleiben ...

Erinnerungen aus vierzig Jahren Berufsleben im westerzgebirgischen Uranerzbergbau I Klaus Beyer

Das Buch ist eine sachliche historische „Verarbeitung“ des Phänomens WISMUT durch Klaus Beyer, der Wesenszüge dieser Entwicklung aus eigenem Erleben schildert. Der Autor blickt auf eine 40-jährige Tätigkeit im Uranbergbau des Westerzgebirges zurück. Seine reichen Erfahrungen und mannigfaltigen Erlebnisse, die er offen und ehrlich darstellt, manchmal auch ein wenig ironisch bewertet, sind bemerkenswerte Zeitdokumente. Ein Anliegen dieser Veröffentlichung war es an die vielen Menschen zu denken, die als „Sonnensucher“ des 20. Jahrhunderts „vielleicht ein bisschen zur Erhaltung des Friedens“ beigetragen haben, wie Beyer resümiert.

ISBN 978-3-931770-66-2
Format: 14,8 x 21,0 cm
Umfang: 200 Seiten, Festeinband; bebildert
Preis: 15,95 €

Uranjäger – Ein Wismut-Romanrapport

Johannes Decker

Mit diesem Romanrapport schildert der Autor die Wismutgeschichte wie sie wirklich war. Er ist weit ab von der sonstigen Bergbaumonographie für die Lebenden. Es ist der Zusammenhang einer Geschichte, die in Paris beginnt, das Bergbaurevier Schlema in seiner Glanzzeit vorstellt und den Zerfall der Ortschaft durch den Raubbau einer Siegermacht aufzeigt. Für die heutige Generation ist es eine Darstellung der stürmischen Jahre nach dem 2. Weltkrieg, wo letztlich der Bergbau in einer völlig anderen Dimension betrieben wurde und die betroffenen Gebiete des Erzabbaus extrem veränderte. Es ist die Geschichte eines Erzes und seiner bedingungslosen Förderung, welches für die Frage „Krieg oder Frieden“ strategische Bedeutung besaß.

ISBN 978-3-931770-47-1
2. Auflage
Format: 14,0 x 20,0 cm
Umfang: 264 Seiten, Festeinband
Preis: 14,30 €

Wismut –„Erz für den Frieden"?

Klaus Beyer, Mario Kaden, Erwin Raasch, Werner Schuppan

Dieses von ehemaligen Wismutangehörigen erarbeitete Buch gibt einen Einblick in die Anfangsjahre des Unternehmens. Dabei werden besonders die sozialen Auswirkungen dargestellt. Auszüge aus einem Tagebuch, das 1947 von einem jungen Bergarbeiter geführt wurde, machen es zu einem bewegenden Zeitdokument jener schwierigen Jahre.

ISBN 978-3-931770-02-0
8. Auflage
Format: 21,5 x 22,5 cm
Umfang: 132 Seiten, Festeinband
100 Abbildungen
Preis: 13,05 €

Glück auf! Weg eines Bergmannes

Hans-Joachim von Malotki

Hans-Joachim von Malotki erzählt sein Leben. Nicht die Arbeit im Schacht prägte seinen Lebensweg, sondern eine Tätigkeit in der Erkundung und Erschließung von Lagerstätten und die Nutzung geologischer Ressourcen. Mit seinem Buch vermittelt der Autor interessante, zum Teil sehr detaillierte Einblicke in die wenig bekannten umfangreichen Anstrengungen zur Erkundung und Förderung von Erdöl und Erdgas, zur Errichtung von Untergrundspeichern und zur Erschließung geothermischer Ressourcen im Osten Deutschlands. Der Autor stellt in seinem aufregenden Berufsleben erfahrene unermessliche Mengen von Geschehnissen, eingebunden in die jeweilig aktuellen politischen Situationen und gesellschaftlichen Verhältnisse, ohne gewollte Verfärbungen, so wie er sie gesehen und empfunden hat, dar.

ISBN 978-3-931770-32-7
Format: 14,8 x 21,0 cm
Umfang: 232 Seiten, Festeinband, 51 Abbildungen
Preis: 16,82 €

Verborgene Schätze – Sagen und Ausflugsziele aus dem Erzgebirge

Dietmar Werner

Der Autor verfolgt mit dem Buch das Ziel, den Sagenschatz und das Erzgebirge enger miteinander zu verbinden. Dabei werden Sagen nach ausgewählten Themen geordnet und durch touristische Empfehlungen in das jeweilige Umfeld der Sage ergänzt. Die vorliegende Publikation will vordergründig als volkstümlich orientiertes Lesebuch für alle Menschen verstanden werden, die das Erzgebirge bereits in ihr Herz geschlossen haben bzw. dies früher oder später noch tun werden. 4 Komplexe werden dem Leser angeboten: **1. Von weißen Frauen, 2. Von helfenden Pflanzen, 3. Von verborgenen Schätzen, 4. Vom Essen in früheren Zeiten.** Dietmar Werner findet mit diesem neuen interessanten Buch einen nahtlosen Übergang zu seiner vorangegangenen Publikation „Erzgebirgische Sagenstraße“.

ISBN 978-3-931770-53-2
Format: 16,0 x 23,0 cm
Umfang 128 Seiten; Broschur; 55 farbige Abbildungen
Preis: 12,50 €

Dicknischl – Erzgebirgsleute von damals und heute

Gotthard B. Schicker

Im Erzgebirge ist das Wort „Dicknischl“ kein Schimpfwort. Man könnte fast behaupten, dass es den Rang der „Gutgusch“ (Feinschmecker) oder der „Sperrgusch“ (Neugieriger) eingenommen hat. Als Dicknischl (also Dickschädel, Dickköpfe, Starrköpfe) werden hier solche Leute bezeichnet, die sich zeitlebens in irgendeiner Weise gegen persönliches, politisches oder soziales Ungemach durchgesetzt haben. Und dass es solche Menschen seit jeher gab, zeigen die Porträts von Persönlichkeiten aus alten und neuen Tagen. Dem Autor gelingt es dabei, deren bisher kaum bekannten, subjektiven Seiten durch reiches und in großem Umfang unveröffentlichtes Material zu belegen. Eine Lektüre also, die nicht nur Entdeckerfreude wecken wird, sondern auch beweist, dass „Dicknischl“ zu allen Zeiten mitunter komplizierte, aber meist interessante und in den überwiegenden Fällen erfolgreiche Leute waren.

ISBN 978-3-931770-76-1
Format: 15,0 x 21,5 cm
Umfang: 216 Seiten; Festeinband, zahlreiche Fotos und Grafiken
Preis: 18,90 €

Impressum

Verlag und Gesamtherstellung:
Druck- und Verlagsgesellschaft Marienberg mbH
Industriestraße 7, 09496 Marienberg
www.buchschätze.de

Printed in Germany 2009

ISBN 978-3-931770-84-6